状

幼铃受害状

大铃受害状

田间植株受害状

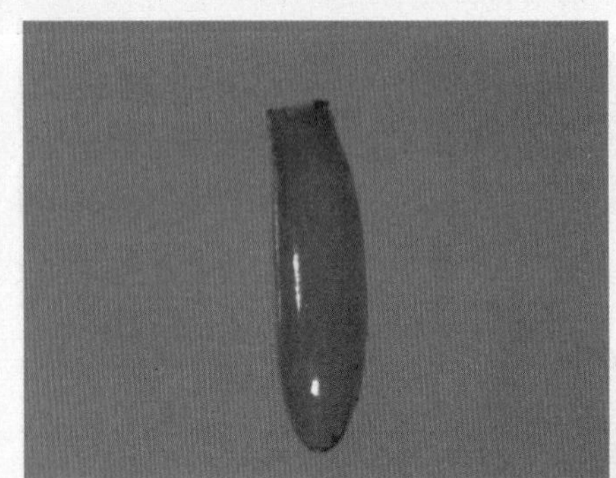

绿盲蝽卵

绿盲蝽低龄若虫

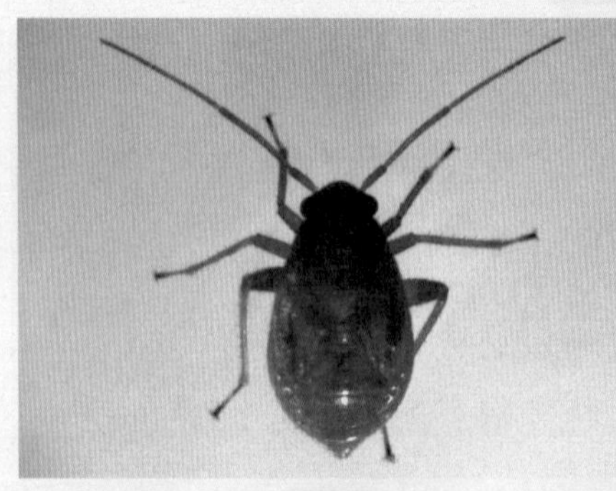

绿盲蝽高龄若虫

绿盲蝽成虫

牧草盲蝽若虫

牧草盲蝽成虫

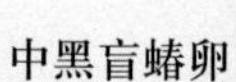
中黑盲蝽卵

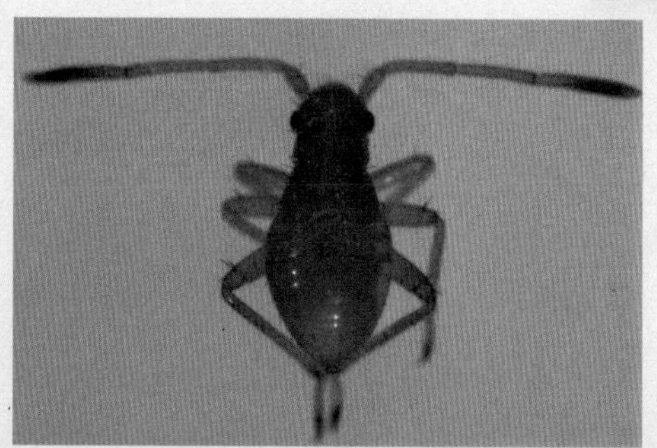
中黑盲蝽低龄若虫

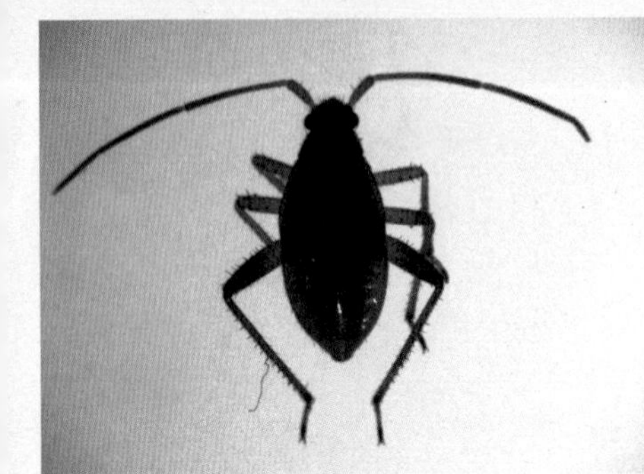

中黑盲蝽高龄若虫

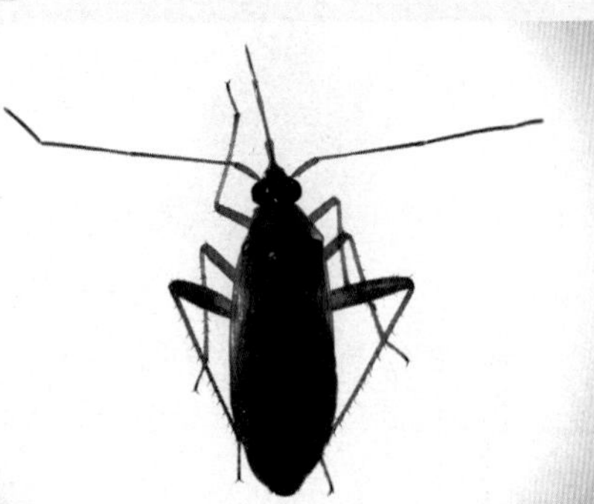

中黑盲蝽成虫

苜蓿盲蝽卵

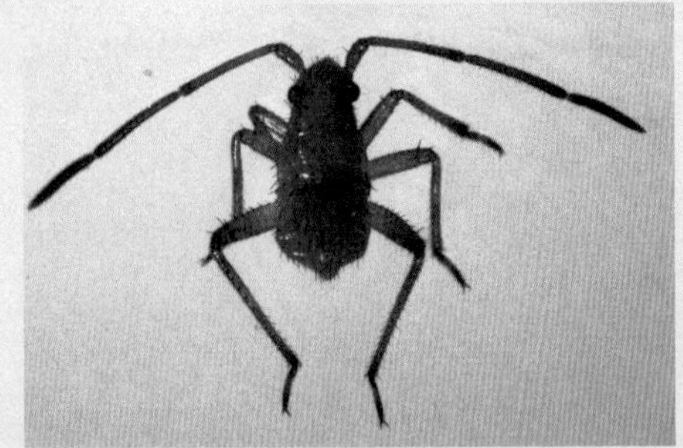

苜蓿盲蝽低龄若虫

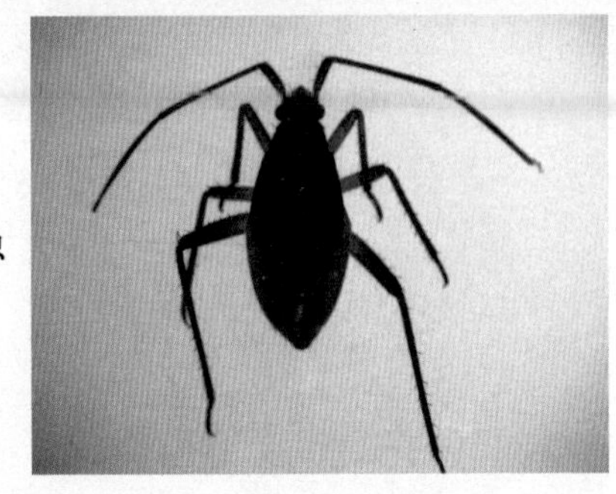

苜蓿盲蝽高龄若虫

苜蓿盲蝽成虫

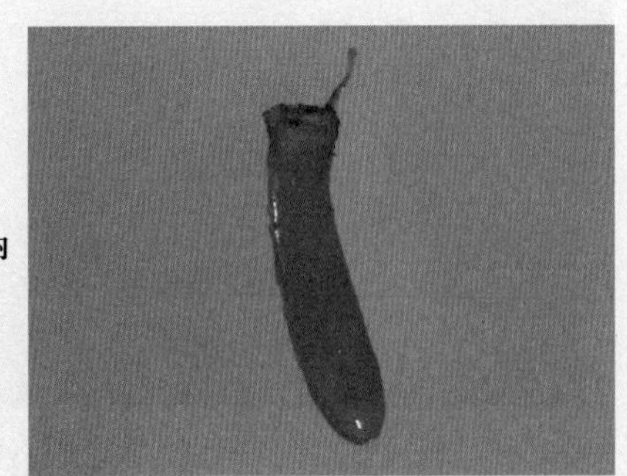

三点盲蝽卵

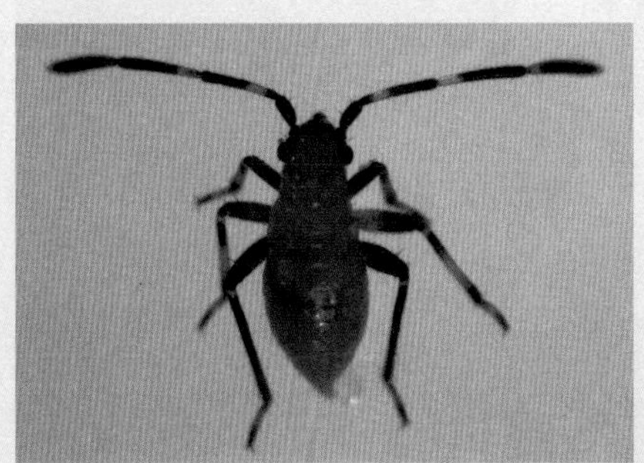

三点盲蝽低龄若虫

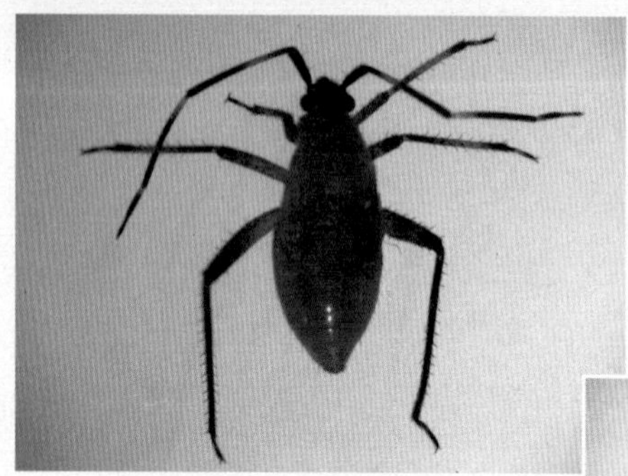

三点盲蝽高龄若虫

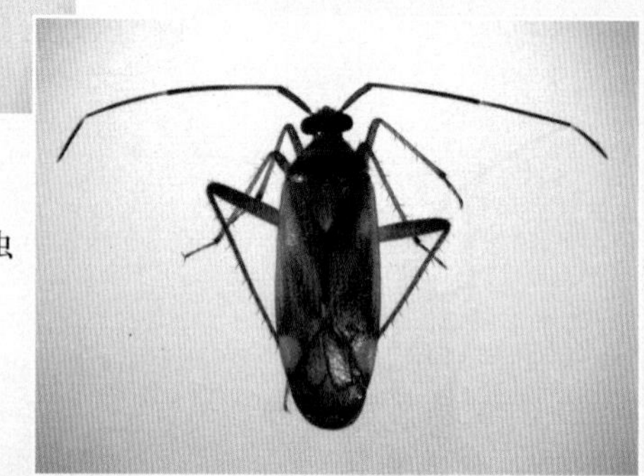

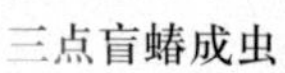

三点盲蝽成虫

瓢虫成虫

姬蝽

瓢虫幼虫

草蛉成虫

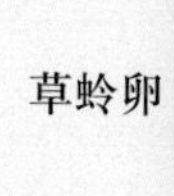

草蛉卵

蜘蛛

若虫寄生蜂(Scott Bauer图)

卵寄生蜂（Jackson G.G.图）

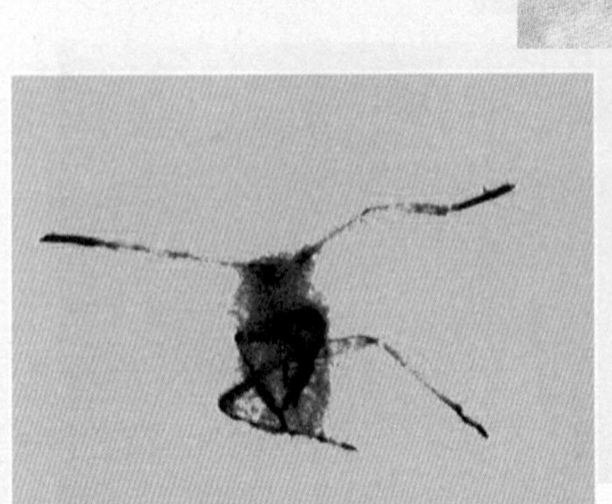

白僵菌寄生

种植绿豆诱集防治绿盲蝽

农作物重要病虫害防治技术丛书

棉花盲椿象及其防治

陆宴辉　吴孔明　编著

金盾出版社

内 容 提 要

本书是由中国农业科学院植物保护研究所的相关专家编著。主要讲述了盲椿象的发生概况，种类与地理分布，寄主范围与为害症状，习性及发生规律，以及预测预报技术和综合防治方法。该书内容丰富，见解深入，阐释清晰，有助于读者全面、准确、深入地了解棉花盲椿象。适用于专业技术人员、农技推广人员及农业院校和科研院所的相关人员阅读使用。

图书在版编目(CIP)数据

棉花盲椿象及其防治/陆宴辉，吴孔明编著．—北京：金盾出版社，2008．9
(农作物重要病虫害防治技术丛书)
ISBN 978-7-5082-5248-3

Ⅰ．棉… Ⅱ．①陆…②吴… Ⅲ．棉花害虫-防治 Ⅳ．S435．622

中国版本图书馆 CIP 数据核字(2008)第 129673 号

金盾出版社出版、总发行
北京太平路 5 号(地铁万寿路站往南)
邮政编码：100036 电话：68214039 83219215
传真：68276683 网址：www．jdcbs．cn
封面印刷：北京 2207 工厂
彩页正文印刷：北京蓝迪彩色印务有限公司
装订：北京蓝迪彩色印务有限公司
各地新华书店经销

开本：787×1092 1/32 印张：5．25 彩页：8 字数：112 千字
2008 年 9 月第 1 版第 1 次印刷
印数：1－8000 册 定价：10．00 元

前　言

盲椿象是一类常见的农业害虫，其种类众多，寄主范围广泛，主要为害棉花、果树等多种农作物。我国盲椿象发生与为害的报道始见于20世纪30年代，50年代初期曾在长江流域和黄河流域的棉区大面积暴发成灾。此后，盲椿象在我国的发生程度总体较轻，仅个别年份在局部地区形成危害。

为控制棉铃虫的发生与为害，我国于1997年开始商业化种植Bt抗虫棉，至2007年Bt抗虫棉种植面积已超过了总植棉面积的70%。抗虫棉的种植有效地控制了棉铃虫、红铃虫、玉米螟和棉大卷叶螟等鳞翅目害虫的为害，但导致棉田害虫地位发生了一系列的演替，使过去已有效控制的棉花次要害虫盲椿象的种群数量剧增，上升为棉田的优势害虫，并呈进一步蔓延和区域性灾变的趋势发展。在严重发生的地区，棉株被害率达100%，棉花减产30%以上。盲椿象除了为害棉花，在枣、葡萄、樱桃、桃、苹果、茶和马铃薯等作物上也可严重发生，对多种农作物的生产构成威胁。

近年来，针对盲椿象猖獗为害的严峻形势，中国农业科学院植物保护研究所等单位对盲椿象的生物学特性、发生规律、监测预警和防治技术开展了深入的研究工作。基于前人的工作积累和最新的研究成果，我们编写了《棉花盲椿象及其防治》一书，以供农业科研和教学工作者、农技推广人员和农民朋友参考使用。

本书在编写过程中，得到了中国农业科学院植物保护研究所梁革梅副研究员、中国科学院遗传与发育生物学研究所李传友研究员、全国农业技术推广服务中心刘宇同志、新疆农业科学院植物保护研究所李号宾副研究员和江苏省大丰市植保站陈华同志的多方帮助，在此深表感谢。

限于编者水平有限，书中遗漏和不足之处，敬请读者指正。

中国农业科学院
植物保护研究所　吴孔明

2008 年 3 月

目　录

第一章　盲椿象的发生概况

盲椿象种类众多、分布广泛，是世界性的农业害虫。棉花是其主要的寄主。因此，盲椿象在中国、美国和澳大利亚等主要产棉国家发生严重。本章概括了盲椿象在世界范围内的发生与为害现状。

一、国内发生概况

我国关于盲椿象为害作物的报道始见于20世纪30年代。1952～1953年，盲椿象在黄河流域和长江流域的棉区严重暴发成灾。1952年，盲椿象的发生为害面积为76万公顷，主要集中在河南、山东、陕西、湖北、江苏、浙江等地。其中，河南省新野县皮棉产量损失率达60%以上；湖北省发生面积为6.5万公顷，损失皮棉2 020吨。浙江省慈溪、余姚、镇海等5个县的为害面积达1.3万公顷，皮棉损失2 000吨。1953年，为害面积达173万公顷，主要分布在陕西、山东、河南、江苏、河北、辽宁等地，同样造成了严重损失。

而在随后的半个多世纪中，盲椿象在我国大部分地区的发生程度较轻。以1994年为例，长江流域棉区盲椿象造成的棉花产量损失仅为0.26%，黄河流域棉区为0.32%，西部内陆棉区则为0.09%；当年长江流域和黄河流域棉区，用于防治盲椿象的化学农药使用次数分别为0.5和0.2次，而西部内陆棉区则无需防治。仅在江苏、河南等省份的局部地区有一定的发生为害，如1987年江苏省阜宁、大丰、东台等地盲椿象严重为害苗床幼苗和大田植株，导致棉花产量损失 10%～30%；1987 和 1989 年河南省安阳地区盲椿象发生严重，棉花产量损失达 20%以上。此外，有关盲椿象为害的报道较少。

1997 年，我国开始商业化种植 Bt 棉花。Bt 棉花可有效控制棉铃虫（*Helicoverpa armigera* Hübner）和红铃虫（*Pectinophora gossypiella* Saunders）的为害，但同时也导致棉田的害虫地位发生了一系列演替，盲椿象种群数量剧增，成为影响我国棉花生产的主要害虫。1991～2006 年盲椿象为害损失情况统计分析显示，1991～2000 年间为害较轻，后逐年加重。2004、2005 和 2006 年造成的产量损失分别为 1991～1996 年平均水平的 7.77、6.58 和 8.81 倍（图 1-1），并呈进一步蔓延和大面积灾变的发展趋势。如河北省邯郸市

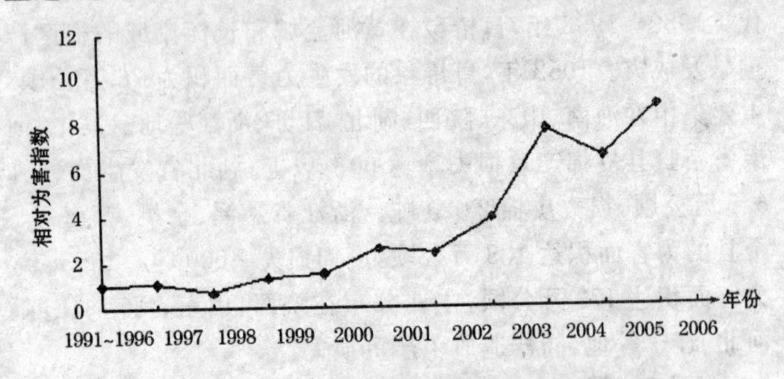

图 1-1　我国棉田盲椿象为害指数

注：原始数据均由全国农业技术推广服务中心提供；图中各年的为害损失情况比较均以 1991～1996 年平均为害水平为参照，其相对为害指数设为 1

1994～1998 年间，棉田盲椿象的发生面积一般在 0.2 万～1.2 万公顷，发生程度仅为 1～2 级；从 1999 年开始逐年加重，年度发生面积 0.67 万～3.6 万公顷，发生程度 2～3 级；2003 年大发生，发生面积高达 8.58 万公顷，发生程度 4～5

级;2004 年发生面积扩大至 9.89 万公顷,发生程度 5 级,防治后仍损失棉花 1 721 吨。

盲椿象发生数量的连年上升,直接导致了棉田化学农药使用量的剧增。华北地区的棉田每年化学防治 10 次以上,严重地区多达 20 次。此外,棉田盲椿象的严重发生还波及了枣、桃、苹果、樱桃、葡萄、茶树等多种农作物,成为影响多种农作物生产的重大问题。

从其为害分布来说,当前我国盲椿象严重发生的区域主要集中在长江流域的江苏地区以及黄河流域的河北、河南和山东等地,长江流域的安徽、湖北以及黄河流域的山西、陕西等地也中等发生,而长江流域地区的江西、湖南以及西部内陆地区的新疆等地发生程度较轻(图 1-2)。

(一)黄河流域棉区

1. 河南省 河南省棉花种植面积占全国总面积的 18%左右,分布在豫东、豫北及南阳三个生态区。2000 年以前,盲椿象发生程度较轻,属棉田次要害虫。近年来,河南全省棉田盲椿象种群大暴发,殃及了甜樱桃等果树作物。

(1)棉花 2001 年扶沟县盲椿象为害面积达 3 万公顷以上,其中有 1 万公顷的棉田减产 20%左右,个别严重地块减产 50%以上。2003 年安阳棉田盲椿象百株虫量最高达 238 头,植株被害率近 100%,蕾被害率 50%以上,为害面积共计 18 700 公顷,产量损失 5%~30%。2003 年开封调查发现,一般棉田盲椿象百株虫量为 120~260 头,个别地块达 500 头以上,虫口密度之大为历年罕见。2003~2004 年开封棉花田块受害率均达 100%,植株被害率达 85%以上,蕾铃严重脱落,一般田块减产 15%~30%,严重地块减产达 40%以上。

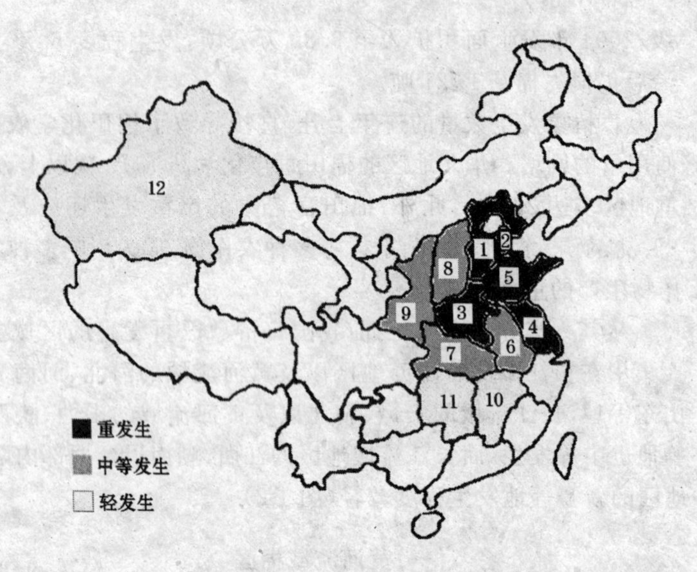

图 1-2　我国棉花盲椿象发生为害情况分布

1. 河北省　2. 天津市　3. 河南省　4. 江苏省　5. 山东省　6. 安徽省　7. 湖北省　8. 山西省　9. 陕西省　10. 江西省　11. 湖南省　12. 新疆维吾尔自治区

2004～2005 年，新乡棉田盲椿象的最大百株虫量达 200 头以上。2005 年，安阳个别田块苗期百株盲椿象为 47 头，植株顶部破叶率达 100%，高峰期百株虫量近百头，造成产量损失达 19%～30%。2007 年，新乡棉田盲椿象最大百株虫量达 400～500 头，产量损失将近 50%。

(2)其他作物　2002 年安阳等地发现盲椿象为害杨树，2004 年受害株率达到 90%，并有迅速蔓延、大面积发生的趋势。2005 年，郑州、南阳、洛阳等地的樱桃园大面积受盲椿象为害，平均有 58%的新梢受害，严重田块高达 73%。

2. 河北省 河北省棉花种植面积约占全国总面积的12%,主要分布在冀南、冀中和冀东三个生态区,冀南地区棉花种植面积占全省棉田面积的60%以上,冀中地区占19%左右。近年来,全省棉田盲椿象连年暴发成灾。河北是我国第二大水果生产省,果树面积有120多万公顷,年产果品60多亿千克。很多果树都是盲椿象的主要寄主植物,棉田盲椿象大发生已逐渐蔓延至果园。

(1)棉花 2003年盲椿象在冀南棉区邯郸、邱县、鸡泽、成安、广平、临漳、辛集等地暴发为害。其中辛集调查发现,7月份一般棉田百株盲椿象200～300头,部分地块达到550～600头,叶片平均受害率达80%以上。2004～2006年廊坊棉田盲椿象的百株虫量100头,苗期植株被害率达95%以上,蕾铃期蕾铃脱落率达30%,产量损失严重。2005年,唐山有将近50%的棉田盲椿象严重发生,蕾铃脱落达10%,严重地块高达50%。2006年衡水地区8～9月份棉田百株虫量高达338头,秋桃被害率96.9%。2007年,廊坊等地棉田盲椿象百株虫量最高超过150头,产量损失达20%～30%。

(2)其他作物 沧州、廊坊、衡水等地的枣树上盲椿象为害逐年加重,致使枣树大面积减产,甚至绝收。2001年,沧州和献县等枣区的盲椿象发生面积近66.7万公顷,其中有些地区平均每棵枣树上盲椿象2 688头,最高可达4 032头。1999年,卢龙县1 800公顷酒葡萄上盲椿象普遍大发生,一般田块被害株率30%～50%,严重田块达到100%;2000年,一般果园被害株率30%左右,严重的达80%以上。2004年,吴桥果园盲椿象大发生,桃新梢受害率达30%,桃果实受害率10%～30%;苹果幼果受害率10%～30%;葡萄受害果率10%～50%;梨幼果受害率20%～60%。

3. 山东省 山东省棉花种植面积约占全国总面积的19%，分为鲁西南棉区、鲁西北棉区、鲁北棉区、鲁南棉区和鲁东棉区。盲椿象在山东省发生为害程度逐年加重，在鲁西北和鲁西南的棉区，已成为棉花和果树的主要害虫。

(1)棉花 2000年郓城县盲椿象大发生，发生面积达1 600公顷，约占棉花种植面积的60%，平均百株虫量为20～35头，最高达60头，平均植株受害率为40%～60%。2004年，7～8月份郓城县一般棉田百株盲椿象10～45头，部分地块可达300头以上，叶片平均受害率80%左右，蕾铃脱落率20%以上。定陶县2000～2001年调查发现，平均百株虫量20～30头，最高达65头，植株平均受害率为57%，叶片平均受害率为82%。临清2002～2003年棉田平均百株虫量在20头左右，最高可达50头，植株平均受害率为45%，叶片平均受害率为70%，蕾铃脱落率达40%～50%。2007年夏津等地盲椿象百株虫量最高时达200～300头。

(2)其他作物 鲁北枣区盲椿象连年大面积发生，对枣的为害十分严重。2003～2005年，鲁北枣区每年受害面积达5.3万公顷，占种植总面积的80%以上。2004年葡萄上盲椿象暴发成灾，80%以上的葡萄果实出现受害症状，严重影响了果品产量和品质。同年，盲椿象在山东省茶园普遍发生，为害严重，个别茶园芽叶受害率高达76%。

4. 其他省份 天津、陕西和山西等地的棉花种植面积约占全国种植总面积的5%。盲椿象在上述地区发生情况与河南、山东和河北的发生情况较为相似。

(二)长江流域棉区

1. 江苏省 江苏省的棉花种植面积约占我国种植总面

积的7%，主要分布在淮北、沿海、沿江和里下河等棉区，其中沿海棉区种植面积占全省种植总面积的60%。20世纪70～80年代，盲椿象在沿海和沿江棉区为害一直较重，而淮北、里下河棉区发生程度较轻。但近年来，江苏棉田盲椿象普遍暴发成灾。如2005年9月下旬，大丰棉田百株盲椿象30～200头，幼铃被害率最高达74%。

2. 其他省份 湖南、湖北和江西三省的棉花种植面积约占全国种植总面积的10%。20世纪80年代后期至90年代初，江西棉区的盲椿象曾有一定发生，但湖南和湖北两省盲椿象的发生一直较轻。近年来，上述三省的发生情况均呈加重趋势。如湖北省潜江等地的棉田受害相当严重，受害田块达100%，受害株率达70%以上，一般棉田减产15%～30%；2007年赣北棉区盲椿象发生面积约4.3万公顷次，5月中旬苗床平均植株被害率为21%，6月中旬百株虫量可达120头。

（三）西部内陆棉区

这一地区的棉花种植及盲椿象的发生主要集中在新疆和河西走廊西部地区。新疆棉区分为南疆、北疆和东疆棉区。南疆棉区是新疆棉花的主产区，其棉花产量约占新疆棉区产量的80%，其次是北疆。盲椿象在新疆一直有发生，但总体程度较轻。近年来，棉花盲椿象问题日益突出，已成为了新疆地区一种主要的棉花害虫，以南疆棉区为害较重。如，2002、2003和2004年，南疆莎车地区盲椿象最大百株虫量分别是56、105和54头，棉花叶片、蕾铃为害比较严重。2003年，库尔勒棉花盲椿象普遍发生，蕾铃被害率达35%～56%。

二、国外发生概况

(一)美　国

美国盲椿象的主要种类为牧草盲蝽(*Lygus lineolaris* Palisot de Beauvois)、豆荚盲蝽(*Lygus Hesperus* Knight)和长毛草盲蝽(*Lygus rugulipennis* Poppius)等,一直是棉花生产的重要害虫。自1979年以来,棉田盲椿象为害造成的损失一直占棉花虫(螨)害损失的10%左右,最高达25%。近年来,随着Bt棉的大面积推广种植,盲椿象种群数量上升,整体为害加重(图1-3)。

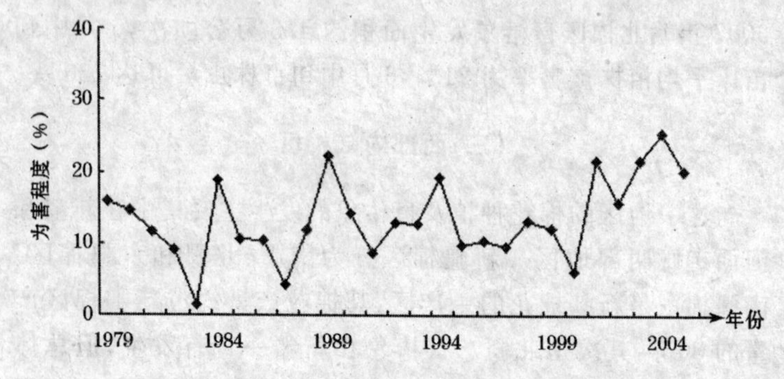

图1-3　1979～2005年美国棉田盲椿象的为害情况

注:图中原始数据来自美国密西西比州立大学网站 http://msucares.com/insects/cotton/losses.html;为害程度为盲椿象为害损失占所有害虫(螨)为害损失的比率

在美国的四大棉区,中南棉区和西部棉区盲椿象的为害十分严重,东南棉区次之,西南棉区最轻。其中,路易斯安那州盲椿象为害导致的产量损失最为严重,棉田害虫整体为害的损失高达50%以上。阿肯色州、密西西比州、密苏里州、亚利桑那州和加利福尼亚州棉花盲椿象发生也十分猖獗，损失占棉田害虫整体为害损失40%以上。上述6个州棉花种植面积占美国棉花种植总面积的34%左右。阿拉巴马州棉花盲椿象的为害损失占棉田害虫整体为害损失的20%，北卡罗来纳州、弗吉尼亚州、田纳西州、新墨西哥州和佛罗里达州占10%左右，而乔治亚州、南卡罗来纳州、俄克拉何马州、堪萨斯州和得克萨斯州盲椿象的为害较轻(图1-4)。美国棉花盲椿象为害程度的地理分布情况如图1-5所示。

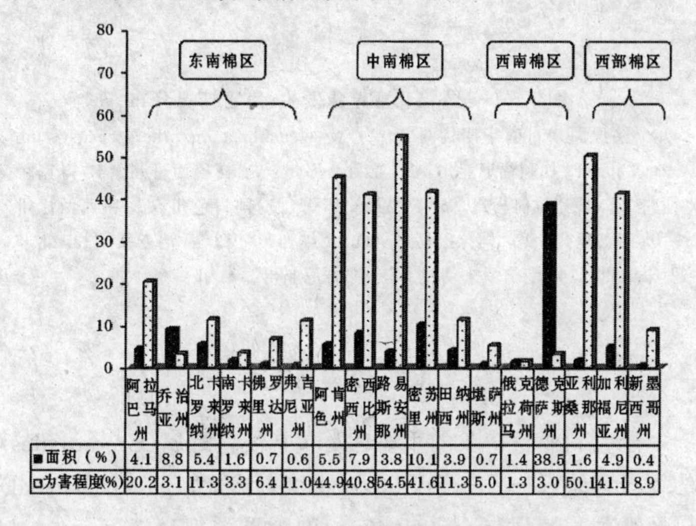

	阿拉巴马州	乔治亚州	北卡罗来纳州	南卡罗来纳州	佛罗里达州	弗吉尼亚州	阿肯色州	密西西比州	路易斯安那州	密苏里州	田纳西州	堪萨斯州	俄克拉荷马州	德克萨斯州	亚利桑那州	加利福尼亚州	新墨西哥州
■面积（%）	4.1	8.8	5.4	1.6	0.7	0.6	5.5	7.9	3.8	10.1	3.9	0.7	1.4	38.5	1.6	4.9	0.4
□为害程度(%)	20.2	3.1	11.3	3.3	6.4	11.0	44.9	40.8	54.5	41.6	11.3	5.0	1.3	3.0	50.1	41.1	8.9

图1-4 2003～2005年美国各州棉花种植面积与盲椿象的为害程度

注：本图原始数据来自美国密西西比州立大学网站 http://msucares. com/insects/cotton/losses. html；图中数据均为2003～2005年数据的平均值；面积(%)为各州棉花种植面积占全国棉花总面积的比率；为害程度(%)为盲椿象为害损失占所有害虫(螨)为害损失的比率；为害程度分级标准：大于25%为重发生，在10%～25%为中等发生，小于10%为轻发生

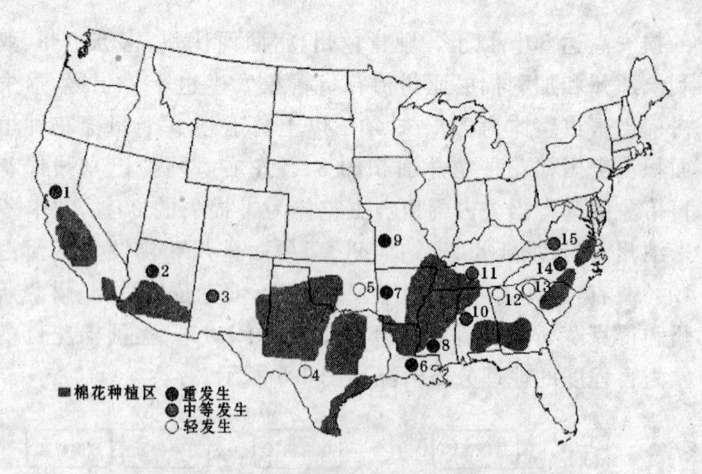

图 1-5　美国棉花盲椿象发生、为害情况分布

注:原图来自南华期货网 http://www.nanhua.org/others/zucqsyt/mh—usa.jpg;1. 加利福尼亚州　2. 亚利桑那州　3. 新墨西哥州　4. 得克萨斯州　5. 俄克拉何马州　6. 路易斯安那州　7. 阿肯色州　8. 密西西比州　9. 密苏里州　10. 阿拉巴马州　11. 田纳西州　12. 乔治亚州　13. 北卡罗来纳州　14. 南卡罗来纳州　15. 弗吉尼亚州

(二)澳大利亚

澳大利亚盲椿象的主要种类包括淡盲蝽属(Creontiades)的绿淡盲蝽(*C. dilutus* Stal)和褐淡盲蝽(*C. pacificus* Stal)以及微刺盲蝽属(Campylomma)的苹果微刺盲蝽(*C. livida* Reuter)等,其中绿淡盲蝽为优势种。棉花盲椿象在该国的为害程度一直较轻,其重要性位于棉铃虫、澳洲棉铃虫(*Helicoverpa punctigera* Wallengren)、棉蚜(*Aphis gossypii* Glover)和棉叶螨(*Tetranychus urticae* Koch)之后。澳大利亚棉花生产区集中于南部的新南威尔士州和北部的昆士兰州，其中新南威尔士州的种植面积占70%，昆士兰州占30%，前者盲椿象发生为害程度略轻于后者(图1-6)。

1996年，澳大利亚开始商业化种植Bt棉花，此后盲椿象(以绿淡盲蝽为主)在两大棉区普遍发生。2000～2001年的一项调查数据显示，棉花蕾、铃期盲椿象的为害程度与棉铃虫、澳洲棉铃虫相当，而当时该国转Bt基因棉的种植面积仅为30%左右。2004年，澳大利亚Bt棉的种植面积超过了80%，棉铃虫和澳洲棉铃虫的为害得到了有效控制，而盲椿象则成为了制约该国棉花生产的另一大问题。

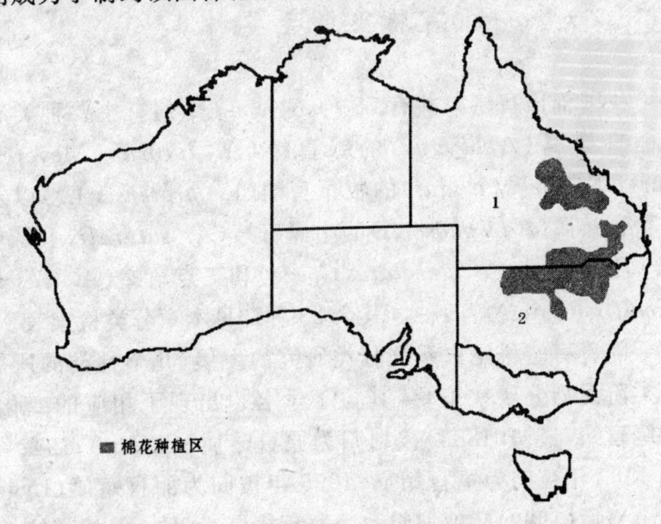

图1-6 澳大利亚棉花主产区

注：原图来自南华期货网 http://www.nanhua.org/others/zucqsyt/mh—adly.jpg；1. 昆士兰州 2. 新南威尔士州

第二章 盲椿象的种类与地理分布

田间盲椿象常几个种类混合发生。它们在生物学特性、发生为害规律等方面有很多共性，同时也存在一定的差异。准确识别盲椿象的种类组成是预测预报和综合治理工作的基础。

一、盲椿象的主要种类

我国棉田盲椿象共有28种，隶属19个属。主要种类有后丽盲蝽属（*Apolygus*）的绿盲蝽（*A. lucorum* Meyer-Dür）、草盲蝽属（*Lygus*）的牧草盲蝽（*L. pratensis* L.）以及苜蓿盲蝽属（*Adelphocoris*）的中黑盲蝽（*A. suturalis* Jakovlev）、苜蓿盲蝽（*A. lineolatus Goeze*）和三点盲蝽（*A. fasciaticollis* Reuter）等5种。其余23种详见本章分类检索表。

随着盲蝽科昆虫系统分类研究的发展，几个种类的所属分类阶元划分屡次变更，其拉丁学名也出现了相应的变化。如绿盲蝽，最初（1883）被划归为原盲蝽属（Capsus）；1942年和1963年被归为草盲蝽属；1995年被归为丽盲蝽属（Lygocoris）；后（1999）又被划归为后丽盲蝽属。此外，赣棉盲蝽、大黑盲蝽、白纹盲蝽以及伞盲蝽等种类的分类阶元同样发生了一些变更。详见表2-1。

表 2-1 几种盲蝽蟓的学名变更情况

中文种名	1963 年[1]			2004 年[2]		
	拉丁属名	中文属名	拉丁学名	拉丁属名	中文属名	拉丁学名
绿盲蝽	Lygus	草盲蝽属	*Lygus lucorum* Meyer—Dür	Apolygus	后丽盲蝽属	*Apolygus lucorum* Meyer—Dür
赣棉盲蝽	Creontiades	淡盲蝽属	*Creontiades gossypii* Hsiao	Creontiades	淡盲蝽属	*Creontiades bipunctatus* Poppius
大黑盲蝽	Megacoelum	沟顶盲蝽属	*Megacoelum fuscescens* Hsiao	Megacoelum	沟顶盲蝽属	*Megacoelum formosanum* Poppius
白纹盲蝽	Trichophoronchus		*Trichophoronchus albonotatus* Jakovlev	Adelphocoris	苜蓿盲蝽属	*Adelphocoris albonotatus* Jakovlev
伞盲蝽	Lygus	草盲蝽属	*Lygus kalmi* L.	Orthops	奥盲蝽属	*Orthops ferrugineus* Reuter

注:[1]萧采瑜,孟祥玲．中国棉田盲蝽记述．动物学报,1963,15(3):439～449;[2]郑乐怡等人编著的《中国动物志》(昆!纲,第三十三卷,半翅目,盲蝽科,盲蝽亚科),科学出版社,2004

二、形态特征与分布

盲椿象的基本形态特征是：翅 2 对，前翅基部半革质，端半部膜质，并分为革片、爪片、楔片及膜片 4 个部分，膜质部的翅脉形成 2 个或 1 个闭室，后翅膜质；触角 4 节，多数着生于眼内缘的中段或其下方；口器刺吸式，喙分 4 节；有复眼 1 对，无单眼（图 2-1）。鉴定盲椿象的所属种，除根据基本形态特征的不同以外，还利用足上的爪、爪垫和假爪垫形态的差别来区分。雌雄个体之间的识别主要看腹部是否有产卵器（图 2-2）。

盲椿象共有 3 种虫态，即成虫、卵、若虫，其中若虫一般为 5 个龄期。不同盲椿象种类不仅在形态特征上存在差异，而且有着不同的地理分布。我国绿盲蝽、中黑盲蝽等几个主要种类的地理分布较广，而其他一些种类的分布范围相对较窄。

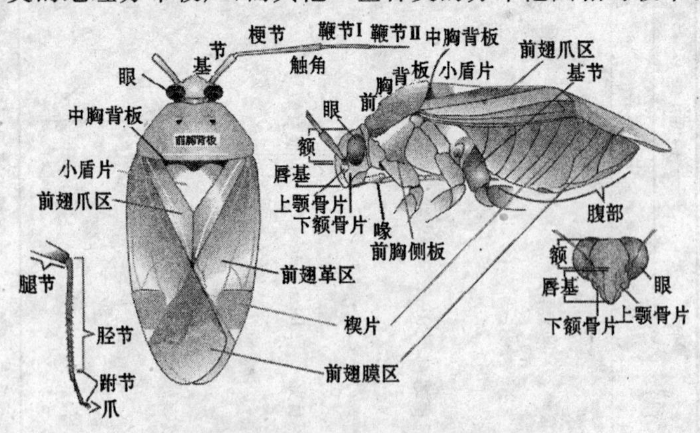

图 2-1　盲椿象体形特征　（仿 Mueller 等，2003）

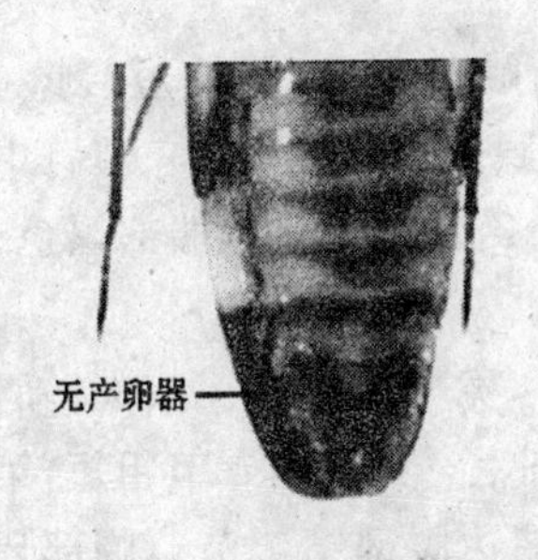

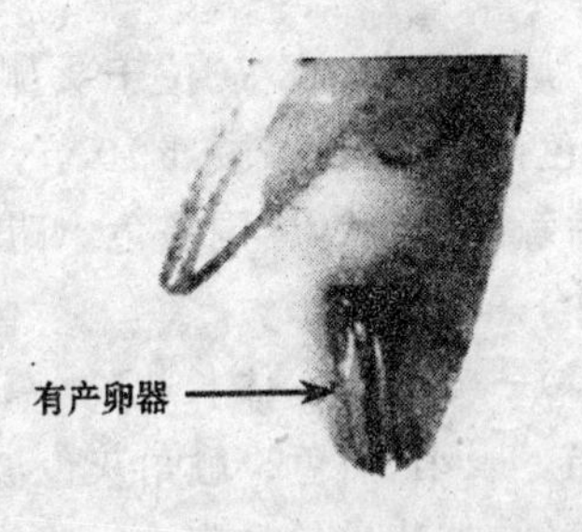

图 2-2　盲椿象雌性个体识别　（左：雄虫；右：雌虫）

（一）绿盲蝽

绿盲蝽是我国盲椿象中分布最广的一个种，北起黑龙江（裴德），南迄广东、广西，西至甘肃的东部、青海（西宁）、四川、云南（文山），东达沿海各省，主要发生在长江流域和黄河流域地区。日本、前苏联（西伯利亚）、土耳其斯坦、高加索及欧洲（多数国家）、非洲（埃及、阿尔及利亚）、北美洲等地也多有分布。

1. 成虫　体长 5～5.5 毫米，宽 2.5 毫米，全体绿色。头宽短。眼黑色，位于头侧。触角 4 节，比身体短，第二节最长，基两节绿色，端两节褐色，喙 4 节，末端达后足基节端部，端节黑色。前胸背板绿色。颈片显著，浅绿色。小盾片、前翅革片，爪片均绿色，革片端部与楔片相接处略呈灰褐色。楔片绿色。膜区暗褐色。翅室脉纹绿色。足绿色，腿节膨大，胫节有刺，跗节 3 节，端节最长，黑色。爪 2 个，黑色。

2. 卵　长 1 毫米左右，宽 0.26 毫米，长形，端部钝圆，中部略弯曲，颈部较细，卵盖黄白色，前、后端高起，中央稍微凹陷。

3. 若虫　洋梨形，全体鲜绿色，被稀疏黑色刚毛。头三角形。唇基显著，眼小、位于头侧。触角 4 节，比体短。喙 4 节，绿色，端节黑色。腹部 10 节，臭腺开口于腹部第三节背中央的后缘、横缝状，周围黑色。跗节 2 节，端节长，端部黑色。爪 2 个，黑色。

(1)一龄若虫　体长 1.04 毫米，宽 0.5 毫米。头大。唇基突出。眼小，黑色。触角灰色被细毛，第一、第二节粗短，第三节较细，端节最长且膨大。喙末端达腹部第二节。胸部环节宽度一致，第一节较长，第三节最短。背片骨化部分深绿色，周围及背中线绿色，腹背中央有暗色圆斑。头胸部之长大于腹部。

(2)二龄若虫　体长 1.36 毫米，宽 0.68 毫米。眼小，黑色。触角灰色，被细毛，第四节长而膨大，细毛密集。头部，前、中胸背中央有纵凹陷。胸背骨化部分深绿色，边缘及中线浅绿色，中、后胸和后缘凹入，侧边具极微小的翅芽。头胸部之长小于腹部。

(3)三龄若虫　体长 1.63 毫米，宽 0.88 毫米。眼红褐色。触角基两节绿色，端两节褐色，第一节粗短，第四节略膨大。前胸背板梯形，背中线凹陷。翅芽与中胸分界清晰，中胸翅芽盖于后胸翅上，后胸翅芽末端达于腹部第一节中部。腹部比胸部宽，第一、第二节每节有一排黑色刚毛，第三至第十节每节有两排黑色刚毛。

(4)四龄若虫　体长 2.55 毫米，宽 1.36 毫米。前胸背板梯形，背中线浅绿色，两侧具有深绿色方形骨化部分，盾片三角形。翅芽绿色。末端达腹部第三节。腹部第四节最宽。足绿色，胫节绿色。

(5)五龄若虫　体长 3.4 毫米，宽 1.78 毫米。触角红褐色，端部色深。端部两节较基部两节为细。盾片三角形，边缘深绿色。中胸翅芽绿色。脉纹处深绿色。膜区墨绿色，末端达腹部第五节。后胸翅芽浅绿色，覆于前翅之下。足绿色，胫节被黑色微毛，有刺。

（二）牧草盲蝽

牧草盲蝽广泛分布于古北区。在我国，主要分布在西北内陆地区的新疆等地，在河北、河南、陕西亦有分布。日本（本州、四国、九州）、蒙古、前苏联（西伯利亚、东部沿海地区）、伊朗、土耳其及中亚细亚、土耳其斯坦、高加索、北美洲（加拿大、美国）、中美洲（墨西哥）等地也多有分布。

1. 成虫 体长5.5～6毫米，宽2.2～2.5毫米，体绿色或黄绿色，越冬前后为黄褐色。头宽而短，复眼呈椭圆形，褐色。触角丝状，长3.6毫米左右，其第一、第二、第三和第四节比例为1∶3.2∶1.88∶1.36；各节均被细毛，其两侧为断续的黑边，胝的后方有2个或4个黑色的纵纹，纵纹的后面即前胸背板的后缘，尚有两条黑色的横纹，这些斑纹个体间变化较大。小盾片黄色，前缘中央有两条黑纹，使盾片黄色部分成心脏形。前翅具刻点及细绒毛，爪片中央、楔片末端和革片靠爪片、翅结、楔片的地方有黄褐色的斑纹，翅膜区透明，微带灰褐色。足黄褐色，腿节末端有2～3条深褐色的环纹，胫节具黑刺，跗节、爪及胫节末端颜色较深。爪2个。

2. 卵 长约0.9毫米，宽约0.22毫米，苍白色或淡黄色。卵盖很短，仅高0.03毫米左右，口长椭圆形，0.24毫米×0.09毫米。卵中部弯曲，端部钝圆。卵壳边缘有一向内弯曲的柄状物，卵壳中央稍下陷。

3. 若虫 黄绿色，前胸背板中部两侧和小盾片中部两侧各具黑色圆点1个；腹部背面第三腹节后缘有1黑色圆形臭腺开口，构成体背 5 个黑色圆点。

(1)一龄若虫　体长 0.72～1.2 毫米，淡黄绿色。头淡黄色，较大，呈三角形；复眼红色或红褐色；触角第四节鲜红色或赤褐色，较第二、第三节粗。胸部 2 对黑点不明显，腹部第三节腺囊开口处的黑点很小，不易看清，紧靠其上有一个较大的橙黄色圆斑。足淡黄褐色。

(2)二龄若虫　体长 1.27～1.39 毫米，淡绿色。头淡黄色，复眼红褐色，触角第四节淡红色，比第三节稍粗。翅芽不明显。前胸和中胸 2 对黑点不明显，腹部第三节腺囊开口处的黑点和其上的橙黄色圆斑均明显。

(3)三龄若虫　体长 1.94～2.11 毫米，绿色。触角第四节紫红色。翅芽稍稍突出。体背 5 个黑点已经明显，但腹部黑点上面的黄斑已不显著。

(4)四龄若虫　体长 2.6～3 毫米，绿色。头三角形，翅芽达腹部第二节。

(5)五龄若虫　体长 3～4.1 毫米，绿色或黄绿色，被黑色的短绒毛。头微向前突，复眼褐色。前胸背板和小盾片有淡灰色的斑块；翅芽黄褐色，上有褐色的云状花纹，即将羽化时末端变为黑褐色。前胸背板和小盾片的中线两侧各有 2 个黑点，加上腹部第三节后缘的黑色腺囊，共有 5 个黑点。足淡褐色，腿节末端有 2～3 条褐色环纹；胫节密生绒毛，短而刚；基部亦有褐色的环纹；爪及跗节两端黑色。

(三)中黑盲蝽

中黑盲蝽在我国的分布广泛，北起黑龙江(裴德)，西至甘肃东部、陕西、四川，南迄江西(九江)、湖南的中南部，东达沿海各省，如河北、河南、江苏、安徽、湖北、四川等地。当前，主要分布在我国长江流域和黄河流域地区。国外分布于朝鲜、日本(北海道一九州)、前苏联(西伯利亚东部、沿海边区)及高加索等地。

1. 成虫 体长 7 毫米,宽 2.5 毫米,体表被褐色绒毛。头小,红褐色,呈三角形,唇基红褐色。眼长圆形,黑色。触角 4 节,比体长;第一、第二节绿色,第三、第四节褐色;第一节长于头部,粗短;第二节最长,长于第三节;第四节最短。前胸背板,颈片浅绿色;胝深绿色;后缘褐色,弧形;背板中央有黑色圆斑 2 个;小盾片、爪片内缘与端部、楔片内方、革片与膜区相接处均为黑褐色。停歇时这些部分相连接,在背上形成一条黑色纵带,故名中黑盲蝽。革片前缘黄绿色,楔片黄色,膜区暗褐色。足绿色,散布黑点。后中腿节略膨大;胫节细长,具黑色刺毛,端部黑色;跗节 3 节,绿色,端节长,黑色。雌性产卵管位于第八、第九腹节腹面中央腹沟内。雄虫仅第九节呈瓣状。

2. 卵 淡黄色,长 1.14 毫米,宽 0.35 毫米,长形,稍弯曲。卵盖长椭圆形,中央向下凹入、平坦,卵盖上有一指状突起。颈短,微曲。

3. 若虫 头钝三角形,唇基突出,头顶具浅色叉状纹。复眼椭圆形,赤红色。触角比体长,4 节,第一节粗短,第二节最长,第四节短且膨大,基部两节淡褐色,端两节深红色。腹背第三节后缘,有横形红褐色臭腺开口。足红色。腿节及胫节疏生黑色小点。跗节 2 节,端节黑色。

(1)*一龄若虫* 体长 1.04 毫米,宽 0.69 毫米,全体深红褐色。头前端突出。眼黑红色。触角比体长。胸部环节第一节较窄,第三节最宽。背中央有纵走凹沟。足红色。后腿节末端及胫节上有黑点。

(2)**二龄若虫**　体长 2.04 毫米，宽 0.82 毫米，体暗红色被稀疏刚毛。触角被细绒毛。胸部浅红褐色，第一节窄而长，第三节宽而短，第二节后缘凹入。背中线成凹沟。腹部膨大，后半部深红褐色，第三节臭腺开口呈横缝状，周围与体同色。头胸之长小于腹部。足浅红褐色，略有暗点。

(3)**三龄若虫**　体长 2.89 毫米，宽 1.47 毫米。体色比前两龄稍浅。头黑红色。眼与头同色。触角略带红色，第四节略膨大，被细绒毛。胸部第一、第二节颜色较深，第三节较浅，前胸前缘及线为红色，余为绿色。翅芽向侧后突出，中胸翅芽达后胸翅芽的中部，后胸翅芽达第一腹节中部。腹部第一至第三节颜色较浅，第三节以后呈深褐色，颜色以中部最深。足与体同色，被稀疏黑点与黑色刚毛。胫节上有黑色刚毛列。

(4)**四龄若虫**　体长 3.57 毫米，宽 1.36 毫米。体色比前龄若虫淡，绿色。触角端节膨大扁平，色较深。前胸背板梯形，绿色，稀生黑色刚毛。中线两侧有两块椭圆形隆起。翅芽绿色，末端达于腹部第三节。臭腺开口呈横缝状，周围红褐色。腹部中央红褐色，周围绿色。足密布黑点与刚毛。

(5)**五龄若虫**　体长 4.46 毫米，宽 2.06 毫米。全体绿色，被细而短之黑色刚毛。眼红色。前胸背板胝已突起，翅芽全体绿色，末端达腹部第五节。革片、膜区已能分辨。羽化前，膜区颜色变深，红褐色。腹背中央红褐色。足被黑点。胫节上具刚毛列。雌虫第八、第九腹节腹面中间有一条缝，称为中缝。

(四)苜蓿盲蝽

苜蓿盲蝽是世界性害虫，广泛分布于全北区和东洋区。在我国，北起黑龙江(裴德)、内蒙古，西至山西、新疆、甘肃(固原）、四川（西昌），东达河北、山东、江苏，南至浙江、江西和湖南、湖北等省的北部，主要分布在黄河流域以及西北内陆地区。国外分布于前苏联（远东沿海、西伯利亚）、伊朗、叙利亚、土耳其、埃及、突尼斯、阿尔及利亚及土耳其斯坦、高加索等地，北美洲也有分布。

1. 成虫 体长 8～8.5 毫米，宽 2.5 毫米。全体黄褐色，被细绒毛。头小，三角形，端部略突出。眼黑色，长圆形。触角褐色，丝状，比体长，第一节较粗壮，第二节最长，端部两节颜色较深，第四节最短。喙 4 节，基两节与体同色，第三节带褐色，端部黑褐色，末端可达后足腿节端部。前胸背板绿色，略隆起。胝显著，黑色，后缘带褐色，后缘前方有两个明显的黑斑。小盾片三角形，黄色，中线两侧各有纵行黑纹 1 条，基前端并向左右延伸。半翅鞘革片前缘、后缘黄褐色，中央三角区褐色；爪片褐色；膜区暗褐色，半透明；楔片黄色；翅室脉纹深褐色。足基节长，斜生。腿节略膨大；端部约 2/3 的部分具有黑褐色斑点。胫节具刺。跗节 3 节，第一节短，第三节最长，黑褐色。

2. 卵 长 1.2～1.5 毫米，宽 0.38 毫米，长形，呈乳白色，颈部略弯曲。卵盖倾斜，棕色，较厚，比颈部宽，在卵盖的一侧边有一突起，卵盖椭圆形，周缘隆起而中央凹入。卵产于植物组织中，卵盖外露。

3. 若虫 全体深绿色，遍布黑色刚毛，刚毛着生于黑色毛基片上，故本种若虫特点为绿色而杂有明显的黑点。头三角形。眼小，位于头侧。触角 4 节，褐色，比身体长，第一节粗短，第二节最长，第四节长而膨大。喙有横缝状臭腺开口，周围黑色。足绿色。腿节上杂以黑色斑点，胫节灰绿色，上有黑刺；跗节 2 节，端节长。爪 2 枚，黑色。

(1)一龄若虫　体长1.28毫米，宽0.38毫米。头大，突出。眼小，黑色。触角浅褐色，比体长。胸部前胸最长，后胸最短，宽度几乎一致。中央有明显的背中线。足灰色。腿节端部有一白环，胫节端部色较深。

(2)二龄若虫　体长1.87毫米，宽0.82毫米。体上黑色刚毛比三龄显著。头三角形，唇基显著。前胸长而窄，后胸宽而短；胸部背板缘中线两侧有方形的骨化区域，呈深绿色；边缘浅绿色。从头到胸的中线呈浅绿色，中胸后缘凹入，中后胸有翅芽痕迹，臭腺开口较为明显。

(3)三龄若虫　体长2.98毫米，宽1.17毫米，全身的黑色点比四龄突出明显。胸部三节的颜色更深，背中线呈浅绿色；中后胸开始露出明显的三角形翅芽，前胸翅芽达后胸翅芽中部，后胸翅芽达第一腹节中部，足腿节深绿色，密布较大黑点，胫节灰绿色，上具小刺。

(4)四龄若虫　体长3.66～4.07毫米，宽1.49～1.8毫米。头部有浅绿色叉状纹，体表黑点比以前更为显著。胸部深绿色，中线浅绿色，翅芽深绿色，基部与胸部有明显分界，翅芽末端可达第三腹节。足绿色，密布黑点，端部黑色。跗节黑色。

(5)五龄若虫　体长6.3毫米，宽2.13毫米。头绿色。眼红褐色。触角第一节绿色，粗短，上有黑点及黑色刚毛；第二节最长，呈绿色，端部褐色；第三、第四节为褐色，第四节膨大且扁平。前胸背板梯形，中胸小盾片钝三角形。背中线浅绿色。翅芽的爪片、革片和膜区已可分辨，近羽化时膜区变为黑色，末端可至腹部第五节或第六节。

(五)三点盲蝽

三点盲蝽是我国特有的种，主要分布于陕西、山西、河北、河南、湖北等地，重点分布在华北、西北地区。长江流域如江苏(北部)、安徽、四川(西昌)等地亦有分布。

1. 成虫 体长6.5～7毫米，宽2～2.2毫米，体褐色，被细绒毛。头小，呈三角形，略突出。眼长圆形，深褐色。触角褐色，4节，以第二节为最长，第三节次之，各节端部色较深。喙4节，基部两节黄绿色，端节黑色。前胸背板绿色，颈片黄褐色，胝黑色，背板前缘有两黑斑。后缘中线两侧各有黑色横斑1个，有时此两斑可合而为一，形成一黑色横带。小盾片黄色，两基角褐色，黄色部分呈菱形。前翅爪区为褐色，革区前缘部分为黄褐色，中央部分呈深褐色。楔片黄色，膜区深褐色。足黄绿色。腿节具有黑色斑点，胫节褐色，具刺。

2. 卵 长1.2～1.4毫米，宽0.33毫米，淡黄色。卵盖椭圆形，暗绿色，中央下陷，卵盖上有一指状突起，周围棕色。

3. 若虫 全体鲜明橙黄色，体被黑色细毛。头黑褐，有橙色叉状纹，眼突出于头侧。触角4节，黑褐色，被细绒毛；第二节近基部，第三、第四节基部均黄白色。喙与体同色，尖端黑色，末端达腹部第二节。前胸梯形，中胸和后胸因龄期而有不同，翅芽有不同程度的发育。背中线色浅，比较明显。腹部10节，在第三节背中央后缘有小型横缝状臭腺开口，足深黄褐色。腿节稍膨大，近端部处有一浅色横带。前足和中足胫节近基部与中段黄白色，后胫节仅近基部处有黄白色斑，其余呈黑褐色。

(1)*一龄若虫* 体长1.12毫米，宽0.57毫米。胸部三节宽度相同，前胸长，后胸短。背中线色浅，两侧骨化部分黄褐色，周围橙黄色。无翅芽，头胸部之和长于腹部。

(2)*二龄若虫* 体长1.87～2毫米，宽0.93～1.03毫米。前胸窄而长，后胸宽而短。胸部骨化颜色加深的部分已消失。

中胸后缘凹入，中、后胸微显翅芽痕迹。

(3)**三龄若虫**　体长2.25毫米，宽1.19毫米。翅芽显著，末端达腹部第一节中部。翅芽基部与胸部有明显分界。

(4)**四龄若虫**　体长3.4～3.75毫米，宽1.27～1.7毫米。翅芽末端抵达腹部第三节。小盾片钝三角形。

(5)**五龄若虫**　体长4毫米，宽2.4毫米，眼红褐色。前胸背板上胝显著。背中线凹陷。翅芽、爪片、革片、膜区已很分明，羽化前膜区变黑，翅芽末端可达腹部第五节。足黄褐色，近端有一暗黄色横带。雌虫腹部第八、第九节腹面有一中缝。

三、种类检索表

1(32) 较大，体长超过4毫米，前胸背板前端通常有显著的领状构造；如较小，刚体毛成丝绒状，身体背面圆凸：

2(31) 爪垫显著，着生于两爪之间爪的基部，顶端互相分离：

3(4) 身体细长，前胸背板领不完整，第一跗节长于第二及第三两节之和，各节不互相复迭；头长面尖，向前伸出…………………… 赤须盲蝽 *Trigonotylus ruficornis* Geoffroy

4(3) 前胸背板领完整，第一跗节长于第二及第三两节之和

5(6) 前翅透明 …………… 透翅盲蝽 *Hyalopeplus* sp.

6(5) 前翅不透明：

7(14) 前胸背板具刻点，头顶具隆起后缘：

8(9) 体毛成丝绒状，前胸背板领较粗，身体背面圆凸…………………… 红楔盲蝽 *Tuponia tamaricicola* Hsiao

9(8) 体毛正常，前胸背板领较细：

10(11) 身体绿色，无黑色斑纹，革片前缘及楔片顶角同色 ………………… 绿盲蝽 *Apolygus lucorum* Meyer－Dür

11(10) 身体具黑色斑纹，革片前缘及楔片顶角黑色：

12(13) 前足胫节刺极不显著：小盾片除基部外黄色 ……………………… 伞盲蝽 *Orthops ferrugineus* Reuter

13(12) 前足胫节刺显著，黑色；小盾片基半部中央具两条纵走黑色条纹 …………… 牧草盲蝽 *Lygus pratensis* L.

14(7) 前胸背板无刻点，头顶无隆起后缘：

15(16) 后足第一跗节显著的长于第三节，触角第三节显然细于第二节的基部 ……………………………………………………… 赤条盲蝽 *Stenotus rubrivittatus* Mats.

16(15) 后足第一跗节不长于第三节，触角第三节不细于第二节的基部：

17(18) 前胸背板及小盾片强烈圆突，胝不显明；身体黑色，前翅革片及楔片各具一个显著的楔形白色斑纹………………………… 白纹盲蝽 *Adelphocoris albonotatus* Jak.

18(17) 前角背板及小盾片不圆突，胝较显著：

19(24) 头顶中央具纵沟，触角第一节长于或等于头的宽度：

20(23) 浅色种类，膜片大，翅室顶角较窄，雄虫生殖节左侧无齿状突起，胫节刺浅色：

21(22) 体色较黄，爪片内缘及革片顶端红色，前胸侧板具红色条纹；体毛黄色，较长，长于前胸背板领的二倍；喙长，显著地超过后足基节顶端；五龄若虫胸部两侧具红色条纹，翅芽内侧基部无黑色斑点 ……………………………………………… 花肢盲蝽 *Creontiades coloripes* Hsiao

22(21) 体色较浅，前胸侧板无红色斑纹；体毛浅色，较短，扁平；喙较短，仅及于后足基节顶端；五龄若虫胸部两侧无红色条纹，翅芽内侧基部有一个黑色斑点…………………
……………… 赣棉盲蝽 *Creontiades bipunctatus* Poppius

23(20) 黑色种类，膜片大，翅室顶角圆形，雄虫生殖节左侧具齿状突起，胫节刺黑色……………………………………
………… 大黑盲蝽 *Megacoelum formosanum* Poppius

24(19) 头顶中央无纵沟，触角第一节短于头的宽度：

25(28) 前翅前缘具显著的黑色边缘：

26(27) 小盾片中央无纵走条纹，楔片顶角黑色，触角第二节端部黑色，胫节刺基部无黑色小点…………………………
………… 三点盲蝽 *Adelphocoris fasciaticollis* Reuter

27(26) 小盾片中央基部具二条纵走条纹，楔片顶端非黑色，触角第二节一色，胫节刺基部具黑色小点 ………………
………………… 苜蓿盲蝽 *Adelphocoris lineolatus* Goeze

28(25) 前翅前缘无黑色边缘：

29(30) 前胸背板具两个黑色圆形斑点；小盾片顶端黑色；触角一色 … 中黑盲蝽 *Adelphocoris suturalis* Jakovlev

30(29) 前胸背板无黑色斑点，或仅两胝微呈黑色；小盾片顶端均浅色；触角第二节顶端黑色 ……………………
………… 黑唇苜蓿盲蝽 *Adelphocoris nigritylus* Hsiao

31(2) 爪垫退化，仅成毛状，爪基部内侧具齿 …………
……………… 黑食蚜盲蝽 *Deraeocoris punctulatus* Fall.

32(1) 较小，体长不及 4 毫米，前胸背板前端无领；如具领，则头呈圆球形，假爪垫显著：

33(40)爪垫显著，着生于两爪之间，平行或顶端互相聚合：

34(35)黑色种类，身体粗圆；头垂直，强烈向下伸出；后足股节粗大；触角细长……… 跳盲蝽 *Halticus minutus* Reuter

35(34)浅色种类，身体长形，头不强烈伸出，后足股节正常：

36(39)前翅不透明，头顶有隆起的后缘，眼不与前胸背板前缘接触，前胸背板胝显著，胫节无黑色斑点，胫节刺浅色：

37(38)身体仅被一种简单的直毛，头及触角黑色………
…………… 苍翅盲蝽 *Cyrtorrhinus lividipennis* Reuter

38(37)身体被扁平毛及简单直毛，头及触角黄色………
……… 杂毛盲蝽 *Melanotrichus flavosparsus* Sahlberg

39(36)前翅透明 ，头顶无隆起的后缘，眼与前胸背板前缘接触，前胸背板胝不显著，胫节具黑色斑点，胫节刺黑色…
…………… 小透翅盲蝽 *Reuteriola annulicornis* Hsiao

40(33)爪垫退化或成毛状，有时假爪垫显著：

41(42)头圆球形，前胸背板具领，假爪垫显著 …………
…………………… 烟草盲蝽 *Cyrtopeltis tenuis* Reuter

42(41)头不呈圆球形，前胸背板无领，假爪垫不显著：

43(44)黑色种类，仅各足胫节浅色，触角第二节短于头的宽度 ………………… 小黑盲蝽 *Chlamydatus pullus* Reuter

44(43)浅色种类，或仅触角及足黑色或具黑色斑纹：

45(48)触角第二节短于头的宽度：

46(47)触角第一及第二节黑色，仅二者的接合处浅色…
………… 异须盲蝽 *Campylomma diversicornis* Reuter

47(46) 触角第一及第二节浅色，仅第一节中央环纹及第二节最基部黑色 ……………………………………………
…… 尼氏盲蝽 *Campylomma nicolasi* Puton et Reuter

48(45)触角第二节长于或等于头的宽度：

49(52)后足股节及胫节上有黑色斑点：

50(51)前翅楔片内基角具一圆形黑色斑点，触角非黑色，喙第三及第四两节接合处粗大 ……………………………………

…………………… 二点小盲蝽 *Camptotylas reuteri* Jak.

51(50)前翅楔片上无黑色斑点，触角黑色，喙第三及第四两节接合处不粗大 ……………………………………………

…………… 黑须盲蝽 *Plagiognathus nigricornis* Hsiao

52(49)后足股节及胫节上无黑色斑点：

53(54)体小，长2毫米，绿色；触角第二节的长度约等于头的宽度 ……………… 一色小盲蝽 *Tuponia unicolor* Scott

54(53)体较大，长3毫米，黄色；触角第二节长于头的宽度 …………………… 红荆盲蝽 *Polymerus cognatus* Fieber

第三章 盲椿象的寄主范围与为害症状

盲椿象的食性杂，能在多种寄主植物上取食活动。其寄主植物涉及50多科200余种。不同盲椿象种类对不同植物的为害习性和症状有较大的差别。

一、寄主范围

（一）绿盲蝽

绿盲蝽的寄主植物有38科147种，其中对其世代发生与种群消长有着重要影响的种类有：棉花、苜蓿、葎草、大麻、蓖麻、艾蒿、白蒿、茬子、胡萝卜、绿豆、蚕豆、茼蒿、枣、播娘蒿、石榴、苹果、桃、木槿、海棠、向日葵等（表3-1）。绿盲蝽的早春寄主植物有30余种。

表3-1 绿盲蝽的寄主植物种类

科 名	种 名
百合科	金针菜
唇形科	夏枯草、一串红、益母草、留兰香、荔枝草*、藿香
车前科	车前草
大戟科	蓖麻、山麻秆*、泽漆
大麻科	大麻、葎草

续表 3-1

科　名	种　　名
豆科	大豆、豌豆*、赤豆、绿豆、蚕豆*、扁豆、四季豆、豇豆、广布野豌豆、窄叶野豌豆、四籽野豌豆、箭舌豌豆、红豆草、紫花苜蓿*、黄花苜蓿*、苕子*、草木樨、绛车轴草*、紫云英、紫穗槐、黑豆、大巢菜、小巢菜、长萼鸡眼草、白三叶草、田菁、刺果甘草
椴树科	黄麻
凤仙花科	凤仙花
禾本科	小麦、稻、玉米、高粱、早熟禾、大麦、野燕麦
葫芦科	甜瓜
蒺藜科	蒺藜
锦葵科	棉花、红麻、木槿、洋麻、扶桑、黄花草*、野西瓜苗
菊科	茼蒿*、艾蒿、白蒿、黄花蒿、泥胡菜*、大刺尔菜、苍耳、小鱼眼草、苦荬菜、小蓟、苦菜、阿尔泰狗哇花、向日葵*、红花*、马兰*、蒲公英、大丽菊、九月菊、一年蓬、加拿大蓬、野塘蒿、鬼针草、苦苣菜
藜科	灰绿藜、藜、小藜*、地肤
蓼科	荞麦、萹蓄、酸模叶蓼
木樨科	丁香
葡萄科	葡萄*、乌蔹莓
漆树科	漆树*
千屈菜科	紫薇
胡麻科	芝麻
蔷薇科	龙芽草、朝天委陵菜、月季、苹果*、桃*、海棠、樱桃、李、梨*
茄科	马铃薯*、茄子、番茄、辣椒、枸杞
伞形科	芫荽*、胡萝卜*、野胡萝卜*、旱芹*、芫荽*、蛇床
桑科	桑树
山茶科	茶*、茶花
十字花科	白菜、雪里红、白萝卜、白芥、荠菜*、播娘蒿*、沼生蔊菜、独行菜
石榴科	石榴
柿科	柿
鼠李科	枣*

续表 3-1

科名	种名
苋科	籽粒苋、苋菜、反枝苋、野苋、刺苋
玄参科	地黄、婆婆纳、通泉草
旋花科	甘薯、田旋花、蕹菜
杨柳科	杞柳*、红皮柳*
紫草科	聚合草*
茜草科	猪殃殃
酢浆草科	酢浆草
马鞭草科	马鞭草
石竹科	牛繁缕、鹅不食草

注：* 为绿盲蝽的早春寄主植物

(二)牧草盲蝽

牧草盲蝽的寄主植物有 18 科 52 种，其中对其世代发生与种群消长有着重要影响的种类有：棉花、苜蓿、香甘草、苦豆子、地肤、碱草、尖叶落藜、独行菜、黄蒿、艾蒿、青蒿、膜果多子草等(表 3-2)。牧草盲蝽的早春寄主有 10 余种，包括菠菜、甘蓝、萝卜以及藜科和十字花科的杂草等。

表 3-2 牧草盲蝽的寄主植物种类

科名	种名
车前科	车前草
大麻科	大麻
豆科	大豆、豌豆、蚕豆、紫花苜蓿、白花草木樨、黄花草木樨、黄花苦豆子、红花苦豆子、百脉根、洋槐、甘草
禾本科	小麦、玉米
胡麻科	胡麻、芝麻
蒺藜科	蒺藜
胡颓子科	香柳

续表 3-2

科　名	种　　名
锦葵科	棉花
菊科	艾蒿、黄蒿、青蒿、向日葵、剪刀股、木介菊
藜科	灰藜*、麻落藜、小藜*、滨藜*、地肤、菠菜*、失叶落藜*、碱草*
茜草科	茜草
蔷薇科	杏
茄科	马铃薯、烟草、莨菪
伞形科	胡萝卜
十字花科	白菜*、白萝卜*、独行菜、甘蓝*、遏兰菜*、卡玛古、油菜
旋花科	箭叶旋花
亚麻科	亚麻
杨柳科	毛柳、白柳

注：* 为牧草盲蝽的早春寄主植物

(三)中黑盲蝽

中黑盲蝽的寄主植物有 32 科 116 种，其中对其世代发生与种群消长有着重要影响的种类有：棉花、苜蓿、小麦、蚕豆、野胡萝卜、金叶马兰、加拿大蓬、艾蒿、女菀、蓖麻、大豆、地肤、繁缕、向日葵等(表 3-3)。中黑盲蝽的早春寄主植物达 30 余种。

表 3-3　中黑盲蝽的寄主植物种类

科　名	种　　名
百合科	金针菜
车前科	车前草
唇形科	夏至草、薄荷、留兰香*、藿香
酢浆草科	酢浆草

续表 3-3

科　名	种　　名
大戟科	蓖麻、泽漆
豆科	大豆、蚕豆*、四季豆、绿豆、扁豆、豇豆、菜豆、花生、黑豆、豌豆、箭舌野豌豆、广布野豌豆、窄叶野豌豆、四籽野豌豆、紫花苜蓿*、黄花苜蓿*、天南苜蓿*、小苜蓿*、苕子、紫云英*、草木樨*、大巢菜、小巢菜、绛车轴草*、紫穗槐*、白三叶草、田菁、刺果甘草
禾本科	小麦*、大麦*、玉米、野燕麦
胡麻科	芝麻
蒺藜科	蒺藜
堇菜科	紫花地丁*
锦葵科	野西瓜苗、棉花
菊科	茼蒿、莴苣*、向日葵、小蓟、加拿大蓬*、一年蓬、全叶马兰、鬼针草、女菀、苍耳、艾蒿、青蒿、苦苣菜、鹅不食草、苦荬菜*、刺儿菜*
藜科	甜菜、地肤、灰菜、刺藜、小藜*、菠菜*、蒺藜
大麻科	葎草
蓼科	扁蓄、荞麦
柳叶菜科	待霄草
马鞭草科	马鞭草
茄科	马铃薯*、辣椒、灯笼草、枸杞
伞形科	胡萝卜*、芹菜*、野胡萝卜*、茴香、芫荽*、蛇床
桑科	桑树*
十字花科	荞菜*、甘蓝、白菜、桂竹糖芥、独行菜、遏兰菜、芜菁、播娘蒿
石竹科	卷耳、繁缕*、鹅不食草
蔷薇科	苹果、梨、月季、桃
葡萄科	葡萄、乌蔹莓
柿科	柿树
苋科	野苋、刺苋、反枝苋
玄参科	婆婆纳*、通泉草

续表 3-3

科　名	种　　名
旋花科	甘薯、蕹菜
杨柳科	杞柳、红皮柳*
野跖草科	鸭跖草
茜草科	茜草、猪秧秧
紫草科	聚合草*

注：*为中黑盲蝽的早春寄主植物

(四)苜蓿盲蝽

苜蓿盲蝽的寄主植物有29科125种，其中对其世代发生与种群消长有着重要影响的种类有：苜蓿、棉花、粟、马铃薯、豌豆、扁豆、枸杞、灰菜、芝麻、草木樨、扫帚苗、向日葵等(表3-4)。苜蓿盲蝽的早春寄主植物近20种。

表 3-4　苜蓿盲蝽的寄主植物种类

科　名	种　　名
百合科	金针菜、大葱
唇形科	石荠苎、荔枝草、土荆芥、夏枯草
大戟科	叶下珠、蓖麻
玄参科	婆婆纳、地黄、陌上菜
大麻科	大麻、葎草*
豆科	扁豆、大豆、绿豆、花生、四季豆、豇豆、豌豆、广面野豌豆、山野豌豆、紫花苜蓿*、黄花苜蓿*、天兰苜蓿、窄叶苜蓿、小苜蓿*、田菁、大巢菜、草木樨*、米口袋、狭叶米口袋、白香
禾本科	狗尾草、谷子、大画眉、金色狗尾草、棒头草、止血马唐、大狗尾草、无芒稗、粟、玉米、高粱、小麦*
胡麻科	芝麻
葫芦科	西瓜、南瓜、香瓜
蒺藜科	蒺藜

续表 3-4

科　名	种　　名
夹竹桃科	罗面布麻
堇菜科	紫花地丁*
锦葵科	青麻、洋麻、棉花、红麻
菊科	向日葵、一年蓬、蒲公英、艾蒿、盐地碱蓬、抱茎苦荬菜、飞廉、大蓟、艾蒿、白蒿、苦荬菜*、加拿大蓬*
藜科	灰绿藜、猪毛菜、灰菜、扫帚苗、菠菜
蓼科	两栖蓼、毛蓼、酸模叶蓼、绵毛酸模叶蓼、荞麦
柳叶菜科	柳叶菜
酢浆草科	酸味草
萝摩科	鹅绒藤
麻黄科	草麻黄
毛茛科	茴茴蒜
蔷薇科	朝天委陵菜*
茄科	毛酸浆、小酸浆、青杞、马铃薯、枸杞、龙葵、茄子、辣椒
伞形花科	蛇床、芹菜*、胡萝卜、野胡萝卜*、芫荽*
十字花科	油菜、芥菜、播娘蒿、独行菜、离蕊荠、小花糖荠、风花菜、大白菜、雪里红、荠菜*
石竹科	王不留行、米瓦罐、牛繁缕*
苋科	凹头苋、反枝苋、北美苋、皱果苋、腋花苋、刺苋
旋花科	藤长苗、篱打碗花、打碗花
茜草科	猪秧秧、茜草
芸香科	芸香
紫草科	附地菜、斑仲草

注：* 为苜蓿盲蝽的早春寄主植物

(五)三点盲蝽

三点盲蝽的寄主植物有 13 科 30 种，其中对其世代发生与种群消长有着重要影响的种类有：棉、马铃薯、豌豆、扁豆、向日葵、芝麻、葎草、大麻等(表 3-5)。三点盲蝽的早春寄主主要有紫花苜蓿、蚕豆、葎草、苦荬菜等几种。

表 3-5 三点盲蝽的寄主植物种类

科名	种名
唇形科	藿香、荆芥
大戟科	蓖麻
大麻科	葎草*
豆科	豌豆、扁豆、大豆、菜豆、蚕豆*、紫花苜蓿*、黄芪、沙苑子
禾本科	玉米、高粱、小麦
胡麻科	芝麻
蒺藜科	蒺藜
锦葵科	洋麻、大麻、棉花
菊科	向日葵、苦荬菜*
藜科	扫帚苗
蓼科	荞麦
茄科	马铃薯、枸杞、番茄
伞形科	胡萝卜

注:*为三点盲蝽的早春寄主植物

二、为害症状

盲椿象是刺吸式口器的昆虫,成虫和若虫阶段均能刺吸为害,主要取食各种寄主植物的幼嫩部位和繁殖器官。在其取食过程中,盲椿象通过口针的剧烈活动撕碎植物细胞,同时向植株组织内注入大量的唾液,其唾液中常含有多种酶类物质,可将食物源(细胞与组织)分解为泥浆状的物质并吸入,从而造成植物组织的坏死、形成刺点(刺斑)。由于为害程度、被害器官以及寄主植物种类等方面的差异,从而形成多样化的为害症状。

(一)棉　花

1. 顶尖受害　棉苗真叶初现时,如生长点基部全部遭受盲椿象为害,受害部分将全部变黑焦枯,不再发生新芽,只留两片肥厚的子叶,称之为“公棉花”或“无头苗”。如真叶的幼嫩部分受害后,端部枯死,造成主茎不能发育,而自基部生出不定芽,形成乱头棉,称之为“破头疯”。

2. 叶片受害　在棉花的整个生育期嫩叶被害后,初呈现小黑点,随叶片长大,被害状由小孔变成不规则孔洞,这一症状称为“破叶疯”。

3. 蕾受害　棉株现蕾后,盲椿象为害可造成幼蕾脱落、烂叶、棉株疯长、侧枝丛生和棉铃稀少等现象,形状有如“扫帚菜(地肤)”,故称之为“扫帚苗”。当小蕾受害后,被害处出现黑色小斑点,2～3 天后全蕾变为灰黑色,干枯、脱落。受盲椿象为害而脱落的幼蕾基部落痕很小,向外突出而呈凹凸不平或小瘤状,黑色;而自然脱落的落痕很大,凹陷且颜色浅。当大蕾受害后,除表现黑色小斑点,苞叶微微向外张开外,一般很少脱落。

4. 花受害　花瓣初现时,如花瓣顶部遭受盲椿象为害,花冠则出现黑色斑点,细胞因受刺激而发生局部增殖现象,表现为卷曲变厚,使花瓣不能正常开放。花瓣开放后,如花瓣中部或下部受害,则呈现暗黑色的小黑点,严重时密布成片。雌雄蕊、花药和柱头受害后,变黑或雄蕊脱落,只剩黑色的花药,严重时可全部变黑,仅剩柱头。

5. 铃受害　幼铃遭害后,常密布黑点,一般当黑点达铃面积 1/5 时,幼铃即行脱落或变黑僵死,不能正常吐絮。中型铃受害后，受害处周围常有胶状物流出，局部僵硬，但很少脱落。大型铃受害后，铃壳上有点片状的黑斑，均不脱落。

（二）其他作物

1. 枣

（1）嫩芽受害　受到为害的嫩芽表现为褶皱、失绿，上面呈现出密密麻麻的“小黑点”，为害严重时不能正常发芽，或推迟发芽造成枣树枯死。

（2）嫩叶受害　随着枣树的生长，叶片也逐渐长大并展开，小黑点变成不规则的孔洞，连成一片，俗称为“破叶疯”，严重时仍不能正常伸展，缩成一团，失绿枯萎，甚至可造成整株枣树当年绝产。

（3）蕾受害　随着花蕾的形成和生长，叶片已不再幼嫩，盲椿象也开始转移为害花蕾，主要刺吸蕾和蕾柄，受害部位颜色首先变黄，2～3 天后呈现褐色或黑色，使蕾停止发育，4～5 天后大量花蕾从蕾柄脱落，少量的蕾枯萎死亡，造成花的数量大量减少。

（4）花受害　蕾期过后，枣花逐渐开放，盲椿象又转移为害枣花，主要刺吸花蕊、花瓣和花萼，受害部位 1～2 天便可出现黄色或黄褐色，慢慢枯缩，4 天左右可使花蕊、花瓣和花萼开始脱落，最终仅剩花盘和花托，大大降低了枣花的坐果率。

（5）果实受害　枣果形成后，盲椿象开始转移为害枣果，刺食枣果和果柄，受害部位 2 天左右便可发现颜色变黄，3～4 天又变为褐色或黑色，枣果萎缩并开始大量脱落；随着枣果逐渐成熟，受害枣果脱落的数量越来越少，但枣果受害部位症状依然明显，受害部位周围变黑，果肉组织僵硬、坏死、畸形，有的向内凹陷，呈“亚腰”形；有的向外隆起，形成小疱，开裂，直至枣果成熟，严重影响枣果的产量和质量。

枣果进入成熟期，为害常造成部分枣果枣皮裂开形成裂果，在裂口处刺吸取食为害，致使裂口变黑，浆烂，甚至全果腐烂。

2. 葡萄 葡萄新梢嫩芽被刺后变干枯。嫩叶受害后，出现黑色小点，随着叶片的生长，形成不规则的孔洞，叶片萎缩不平，残缺畸形。花蕾受害后即停止发育并干枯脱落，受害幼果粒初期表面呈现不明显的黑点，随着果实膨大，黑点逐渐变为褐色和黑褐色，形成不规则的疮痂，少数果实在疮痂处开裂。

3. 樱桃 被害叶芽先出现失绿的斑点，随着叶片的伸展，小点逐渐变成不规则的孔洞。花蕾受害后则停止发育、枯死脱落，严重时花几乎全部脱落。幼果受害后，有的出现黑色坏死斑，有的出现隆起的小疤，其果肉组织坏死，大部分受害果脱落。

4. 苹果 受害嫩叶上先出现针刺状红褐色小点，逐渐褪绿为黄褐色至红褐色的小斑，往往数十个被害斑呈片状分布，甚至布满叶片(主脉周围较少)，部分形成孔洞，影响叶片发育；被害花蕾上出现细小的水珠，随后水珠变成乳白色；被害花瓣上出现褐色的针刺状小点，造成开花不整齐，影响坐果；幼果受害后，以刺吸孔为中心，形成褐色斑点，并以刺吸孔为中心造成果面凹凸不平，果肉木栓化，随着果实的膨大成熟，果面上形成数个锈疤，严重时锈疤连成片。

5. 梨 受害幼叶初期散生褐色小斑点，随着叶片生长，斑点外缘变为黄褐色，往往数十个被害斑呈片状分布，严重时布满整个叶片，形成孔洞，甚至造成幼叶及新梢停止生长；幼果被害后，以刺吸孔为中心形成突起，部分突起爆裂，溢出红褐色汁液，也有的在爆裂深处形成白色粉状物；幼果萼洼受害后，多从未脱落的花萼处溢出红褐色汁液，并形成泡沫。生长后期果实畸形，受害处木栓化，品质低劣。

6. 桃 桃树新梢幼叶受害后出现黄褐色斑点，针尖大小，随着叶片的伸展，坏死组织脱落形成不规则圆孔，致使叶片破碎；受害严重的叶片，从叶基至叶中部残缺不全，似咀嚼式口器的害虫为害状，影响幼叶及新梢发育。花萼未脱落前，刺吸果实汁液，严重时还刺吸幼果中部及尖端，随着果实增大，坏死斑面积也逐渐增大，刮去幼果上厚厚的茸毛，果面出现清晰的凹陷坏死斑，并从刺吸处溢出米粒状胶液，影响果实的正常发育。

7. 茶树 茶树嫩芽被刺后，在芽面上呈红褐色枯死斑点，随着芽叶的伸展，枯死斑逐渐在叶面上形成不规则的孔洞和破烂，即“破叶疯”。

8. 苜蓿 苜蓿嫩叶受害，造成局部组织坏死，随着叶片的生长出现破洞，整个叶片破烂不堪。花蕾和子房受害，严重时变黄、干枯并脱落，使苜蓿植株花梗光秃，严重影响苜蓿种子的产量；受害较轻的种荚发育不全，籽粒不饱满，大多数为畸形。

第四章　盲椿象的习性

昆虫的生物学习性主要是指昆虫生殖、生长、发育和到性成熟各阶段的生物学特征。本章着重介绍了盲椿象的趋性、食性、取食行为、交尾行为、产卵行为、飞行与扩散和越冬等方面的特性。

一、盲椿象的趋性

(一)趋 化 性

趋性是昆虫对某种刺激做定向(趋向或背向)的活动。盲椿象具有明显的趋化性,即喜好嫩绿植物(含氮量高)和趋嗜植物花朵(花蜜和特殊的挥发性气体)。

1. 喜好高氮　盲椿象偏好高水、高肥的田块和含氮量高的植株和植物组织。就棉花而言,一般高氮处理的棉田中,盲椿象发生为害比较严重;生长茂密的幼嫩枝条含氮量偏高,受盲椿象的为害也较重;在同一植株上,盲椿象喜食含氮量较高的生长点、嫩叶和幼蕾等组织,不同组织的含氮量与其受害程度之间呈显著正相关关系。

2. 趋嗜花朵　盲椿象喜食花蜜,并对植物花中的挥发性物质有着特殊的趋性。如凤仙花开花前盲椿象成虫很少发生,进入花期后成虫数量剧增。花期的蓖麻、大麻、蚕豆、猪毛蒿和野艾蒿等很多植物常吸引盲椿象成虫大量聚集。这一特点直接决定了盲椿象的寄主转移规律。如河南安阳地区,5

月份盲椿象成虫开始向开花的豌豆和马铃薯等植物迁移；6月转向开花的草木樨等植物；7月份大麻、葎草等进入花期，成为盲椿象为害的寄主；8月份则趋向于向日葵、蓖麻、大麻和葎草等植物；9、10月份荞麦、艾蒿、白蒿及一些其他菊科植物进入花期，成为盲椿象的集中场所。

(二)趋光性

盲椿象成虫有着明显的趋光性，但不同种类的盲椿象在对光谱选择上存在一定的差异。在不同颜色粘虫板的诱集试验中，青色、白色、蓝色和绿色等诱板上粘着绿盲蝽成虫数量明显多于黄色、红色、紫色等其他颜色。这表明绿盲蝽嗜好青、白、蓝、绿等颜色。美国牧草盲蝽偏好于白色和黄色；长毛草盲蝽则喜好绿色。因此，可根据盲椿象对光的趋性进行相应的诱杀防治。

二、盲椿象的食性与人工饲养

(一)食性

盲椿象多为植食性昆虫，主要取食寄主植物的芽、嫩枝、叶片、托叶、叶鞘、叶脉等营养器官以及植物的繁殖器官，包括花序柄、花芽、花蕾、子房、花药、花粉、幼果和成熟的果实以及未成熟的种子等，喜食花粉、花蜜。但一些种类的植食性盲椿象偶尔也取食蚜虫等小型昆虫或昆虫的卵，甚至同种的低龄若虫。

盲蝽科中的微刺盲蝽属(Campylomma)昆虫的食性复杂，其低龄若虫常以植食性为主，取食植物幼嫩部分的汁液与花粉，可对作物造成一定的危害。但高龄若虫和成虫以捕食性为主，可捕食多种小型昆虫的卵、幼虫（若虫）及成虫，亦可捕食螨类害虫。这类盲椿象的食性属于动植食性（zoophytophgous）。我国常见的盲椿象——异须盲蝽即为此习性，其寄主植物包括棉花、榆树、枣、木槿、甘草、紫花苜蓿和一些菊科植物等，而其成虫和若虫可以捕食鳞翅目昆虫的卵、蚜虫、蓟马和螨类等，为棉花等作物田常见的捕食性天敌，这类昆虫在农田生态系统中发挥着"双重"功能。

（二）人工饲养

在借鉴国外盲椿象饲养技术的基础上，结合我国盲椿象的食性特征，中国农业科学院植物保护研究所等单位发展了我国几种主要盲椿象的人工饲养技术。

1. 利用人工饲料饲养中黑盲蝽

（1）人工饲料的配制　中黑盲蝽的人工饲料配方包括A、B、C三个组分。组分A包括鸡蛋900克、水200毫升、蔗糖165克、10%乙酸30毫升、啤酒酵母30克和50%的蜂蜜水150毫升。先将水、蔗糖、蜜水和10%乙酸混合，然后煮沸，再把打匀的鸡蛋倒进去，不停地搅拌，直到变成黏稠糊状物。将组分A以100克分装，冷藏备用。组分B包括搅拌好的鸡蛋黄120克、烘烤过的黄豆粉220克、水560毫升。混匀后在180℃高压灭菌20分钟。组分C包括37%的甲醛0.40毫升、卵磷脂4.00克、蔗糖1.92克、维生素E 0.05克、抗坏血酸0.87克、氯化胆碱0.29克、复合维生素0.08克、丙酸0.40克、链霉素0.02克、头孢霉素0.02克、水400毫升。

组分B冷却到50℃时，加入组分A 100克和组分C，然后在搅拌器里中匀速搅拌4分钟。充分搅拌后，将饲料装入灭菌的250毫升烧杯中，用 parafilm 膜封口，放在冰箱中冷藏备用。

(2)养虫器具　饲养中黑盲蝽所用养虫盒由2升的塑料保鲜盒改制而成。把保鲜盒盖子的中间部分挖去，仅留边缘。盒子顶部用一块尼龙纱盖住，然后用挖去中间部分的盖子将其箍紧。刚孵化的若虫用60目的尼龙纱，大龄若虫和成虫换成30目的尼龙纱。

(3)若虫和成虫的饲喂　将1克饲料装入由塑料布和 parafilm 膜制成的饲料袋内，parafilm 膜一面向下置于尼龙纱上饲喂盲椿象。若用于饲喂低龄若虫，一天换两次；而用于饲喂大龄若虫及成虫，可两天换1次，并在尼龙纱上放置含有5%蜂蜜水的棉球。

(4)卵的收集和孵化　卵采用产卵袋或湿润的滤纸收集。产卵袋为用塑料膜和 parafilm 膜制成，大小为5厘米×5厘米的方形袋子，其中装入2%琼脂溶液，然后用热封机封口。使用时，将 parafilm 膜上的纸撕去，并将 parafilm 膜朝下放在尼龙纱上。使用湿润的滤纸收集卵时，需将3张滤纸摞在一起，用水浸湿放在保鲜盒底部，并每天加水保湿。每5天更换产卵袋或滤纸。换下的产卵袋和滤纸放在养虫盒中孵化，期间滤纸要一直保持湿润。

(5)饲养效果　从野外采回的中黑盲蝽成虫或高龄若虫，用人工饲料喂养后可成功产卵或羽化并产卵。以这些卵为第一代卵建立室内种群，并成功连续饲养了3代。每头雌虫产卵量为23～172粒，但卵孵化率与若虫存活率还比较低，分别在28%～37%和19%～45%。

2. 利用寄主植物饲养四种盲椿象

(1)饲料的准备　寄主植物为鲜嫩的四季豆(*Phaseolus*

vulgaris L)豆荚，喂饲盲椿象之前，利用0.5%次氯酸钠溶液浸泡10分钟以去除豆角上的农药残留，随后用清水反复冲洗，待去除异味后用毛巾擦干，待用。

(2)成、若虫的饲养　盲椿象的成、若虫均饲养于20厘米×13厘米×8厘米的矩形塑料保鲜盒中，保鲜盒的上盖切除一半，以利于盒内能有效地通风透气。再将A4打印纸裁成宽1厘米、长20厘米的纸条，用双手轻揉至弯曲，在保鲜盒底部放置一薄层，以增加盒内的空间异质性，减少盲椿象个体之间的相互干扰。在纸层上面放置备用的豆角4根，再将盲椿象接入。接虫后，保鲜盒上面覆盖医用纱布，饲养成虫或高龄若虫覆盖一层纱布即可，若饲养低龄若虫需覆盖两层以防止盲椿象逃离。最后，再将保鲜盒的上盖盖上。

对于若虫，孵化后1～2天内的接入塑料盒中，每盒虫量为100头。由于盲椿象存在着高龄个体取食低龄个体现象，所以尽可能保证盒内虫龄一致。随后，每两天更换1次豆角，待若虫开始羽化时，陆续将羽化的成虫转入成虫饲养盒中交尾产卵。

对于成虫，羽化后1～2天接入养虫盒，每盒成虫60～80头左右。养虫盒上部的纱布上放置浸有5%蜂蜜水的棉花球，以便盲椿象成虫补充营养。每天2次(8时和20时)给棉花球补充新鲜蜂蜜水，每两天更换1次新鲜豆角。盒内豆角不仅是成虫的食物，而且是成虫产卵的载体。根据绿盲蝽在植物伤口处产卵的习性，饲养绿盲蝽成虫的豆角需去除两端，以利于其产卵。而中黑盲蝽、三点盲蝽和苜蓿盲蝽成虫饲养只需提供完整的豆角即可。

(3)卵的保存　盲椿象成虫饲养盒中更换下来的豆角需妥善保存，以保证豆角上的卵能成功孵化。盲椿象卵的孵化前期一般为7～10天，在这段时间内有效地控制温、湿度，对豆角的保鲜与卵的孵化至关重要。更换下来的豆角常因盲椿象的取食使豆角表面出现大量的水渍，这样的豆角直接装入保鲜盒易导致发霉腐烂，所以应放置在阴凉处，适当晾干豆角表面的水渍，切勿在烈日下暴晒。在阴凉处放置1～2天后，将豆角转入保鲜盒中等待卵孵化。每两天观察1次豆角的保存情况，如果盒内湿度过大，可以在盒底铺一层吸水纸以控制湿度；如果盒内过于干燥，可放置1～2个湿润的脱脂棉球。豆角保存的总体原则为“前期控干，后期保湿”。

(4)饲养条件　盲椿象人工饲养的环境条件为温度25℃～28℃，相对湿度60%～70%，光照16∶8(L∶D)。在很多昆虫的人工饲养中，温度与光照条件至关重要，而湿度条件影响较小，常被忽视。而湿度对盲椿象卵的孵化以及成虫和若虫的存活有很大影响，在饲养过程中保持良好的温度与光照条件，还要尽可能地创造适宜的湿度条件。

(5)饲养效果　至今为止，利用这种饲养方法已在室内成功建立了绿盲蝽、中黑盲蝽、三点盲蝽与苜蓿盲蝽等四种盲椿象的实验种群。其若虫存活率一般为60%，卵孵化率为80%，平均产卵量为40粒，与田间个体间没有明显差异，而且世代之间波动很小，饲养时间最长的实验种群已有30余代。

三、盲椿象的取食行为

多数盲椿象的取食方式基本上属于“搓碎后吸入”的类型，依靠口针端部的齿状构造搓碎植物细胞，同时由口针的唾液道流出唾液，唾液中含有的酶对寄主组织进行一定程度的体外消化，其中多聚半乳糖醛酸酶 polygalacturonase(或果胶酶)可有助于细胞壁的软化和崩解,淀粉酶与蛋白酶则可使细胞内含物部分水解消化,被破坏和略经消化的植物细胞形成一种可以吸入的浆液。盲椿象的消化道既无回收过多水分的结构,也不排出蜜露,所以一般不直接刺入植株的筛管或导管,这与蚜虫和粉虱等主要吸食输导组织内含物的昆虫有很大的差异。

由于取食行为的特殊性,盲椿象的刺吸、取食行为的研究工作落后于蚜虫和粉虱等其他刺吸式口器昆虫。近年来,交流电型和直流电型刺吸电位仪(AC-EPG、DC-EPG)被用于盲椿象的取食行为研究。结果表明,中黑盲蝽在菜豆、苜蓿、甘蓝、小麦和棉花等寄主上取食时,其刺探波形大致可分为4部分:Ⅰ波、Ⅱ波、Ⅲ波和Ⅳ波。其中,Ⅰ波表示口针的刺入;Ⅱ波表示口针在撕裂植物组织和细胞并向外分泌唾液;Ⅲ波表示取食;Ⅳ波表示口针的拔出(图4-1)。中黑盲蝽取食苜蓿时,每次刺探的总时间和刺探中的Ⅲ波时间均显著多于其他寄主,表明在菜豆、小麦、苜蓿和棉花这几种主要寄主中,其较喜食苜蓿(表4-1)。在棉花上取食时,每次刺探时间和刺探中Ⅲ波的时间均以取食生长点时最多,说明对生长点的喜食明显高于子叶和真叶(表4-2)。

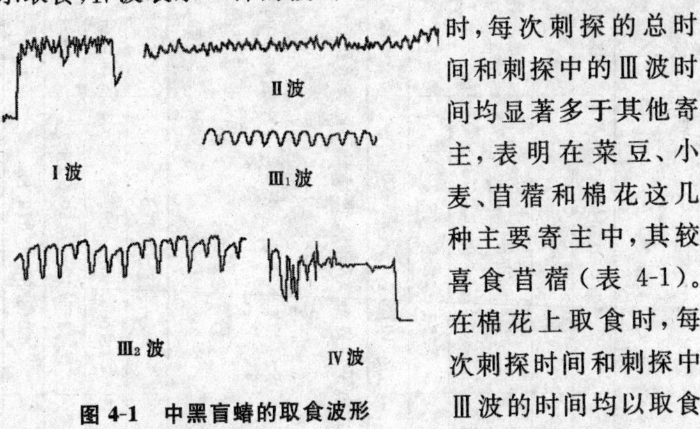

图4-1　中黑盲蝽的取食波形

(蔡晓明等,2007)

表 4-1　在 4 小时中，中黑盲蝽在不同寄主上的刺探时间、Ⅱ波时间、Ⅲ波时间及刺探次数

（蔡晓明等，2008）

寄　主	刺探时间(S)	刺探次数	Ⅱ波时间(S)	Ⅲ波时间(S)
菜　豆	2855.41 ± 333.72 ab	5.93 ± 1.07 b	1812.22 ± 325.40 a	1043.33 ± 127.81 b
苜　蓿	3119.58 ± 442.53 a	4.88 ± 0.61 b	1121.41 ± 290.81 ab	1998.20 ± 254.84 a
甘　蓝	1311.30 ± 350.21 c	5.25 ± 1.09 b	395.43 ± 78.87 c	915.89 ± 315.39 b
小　麦	2767.44 ± 385.73 ab	9.71 ± 1.42 a	1222.31 ± 290.10 ab	1545.10 ± 231.49 ab
棉　花	1915.09 ± 250.93 bc	5.29 ± 0.97 b	508.33 ± 144.47 bc	1406.81 ± 162.02 ab

注：表中数据（平均数 ± 标准误）后字母不同表示显著性差异（P=0.05）

表 4-2　在 4 小时中，中黑盲蝽在棉花不同部位上的刺探时间、Ⅱ波时间、Ⅲ波时间及刺探次数

（蔡晓明等，2008）

器　官	刺探时间(S)	刺探次数	Ⅱ波时间(S)	Ⅲ波时间(S)
真　叶	1506.40 ± 209.89 a	7.95 ± 1.27 b	295.13 ± 52.96 b	1211.27 ± 178.79 a
生长点	1915.12 ± 250.93 a	5.29 ± 0.97 b	508.31 ± 144.50 b	1406.81 ± 161.96 a
子　叶	2043.89 ± 278.85 a	9.29 ± 1.80 b	997.23 ± 256.00 a	1002.16 ± 180.29 a

注：表中数据（平均数 ± 标准误）后字母不同表示显著性差异（P=0.05）

四、盲椿象的交尾行为

盲椿象交尾前一般很少有明显的“求偶”行为。如在豆荚草盲蝽交尾前，雄性慢慢地靠近雌性，并用触角轻轻地接触雌性。雌性如愿意接受，便猛拉雄性的腹部以求交配。

盲椿象交尾姿势主要有以下几种（图 4-2）。一为背腹姿势，雄性在雌性背方，腹端向左向下弯转，接触雌性交尾；或在开始时，雄性在雌性上方，以前足和中足抱持雌性，体后端斜伸入雌性个体的右外侧；然后松开前足和中足，以后足着地，同时身体前端略右转，移向雌体右外侧，而身体后端向左移，与雌体接触，腹端左弯，进行交尾。另一种在开始时雄性在雌体上方，随即下滑位于雌性右侧，尾端接触交尾，亦可在尾端接触固定后，雄体前端略向右移，致使雄体与雌体之间呈一角度（锐角至钝角不等）。

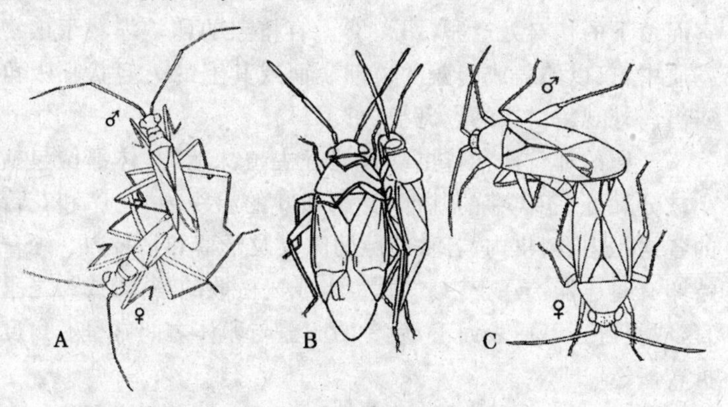

图 4-2 盲椿象常见的交尾姿势 （仿 B. Kullenberg，1944）

不同盲椿象种类的交尾时间长短差异很大。豆荚草盲蝽的交尾持续时间约为 1.5 分钟，而颈盲蝽 *Pachypeltis maesarum* Kirkaldy 能持续 9 个小时以上。交尾持续时间还受到环境温度等因素的影响，也可能与雌性外生殖器刺棘类骨化附器的发达程度以及与之相应的交尾个体锁合程度有关。很多种类的盲椿象为多次交尾。如豆荚草盲蝽，一次交尾已足以满足雌虫的产卵需求，但雄性个体最多能交配 7 次，雌性个体最多 3 次。

五、盲椿象的产卵行为

盲椿象雌虫产卵时，产卵器后端向下方和前方移动，达到与产卵处表面近于垂直的方位，刺入植物基质后将卵产下。有些种类产卵时腹部向下强烈弯曲，腹端接触基质表面，有助于产卵器的刺入；有些雌成虫（如中黑盲蝽）先将植物咬一伤口，再将其产卵器插入产卵；有的种类直接在其他种类昆虫为害而留下的伤口处产卵（图 4-3）。盲椿象的卵均埋藏于植物基质中，仅以卵盖或卵盖的顶部表面或其上的突起状呼吸角露出。外观呈微小的点斑状（图 4-4）。

产卵的部位多在若虫喜食的寄主植株上，具体部位包括小枝分叉处、各类芽的基部、芽鳞和叶的组织内、花序和花蕾的各组织内、树皮内、各种缝隙间隙以及干草和枯枝内。绿盲蝽卵有时还能产在土中。卵散产，或成松散的小群，或与之垂直，或平卧于基质表面下，后者的卵盖与卵体之间常呈一角度折转。

盲椿象常习惯于晚上产卵。如中黑盲蝽产卵主要集中于 22 时至翌日 8 时时段，此时段内的产卵量约占日产卵量的 73%；三点盲蝽在 22 时左右产卵最多；苜蓿盲蝽以 22 时至凌晨1时产卵最多，占总卵量的44.5%，而从10时至19时基本不产卵。

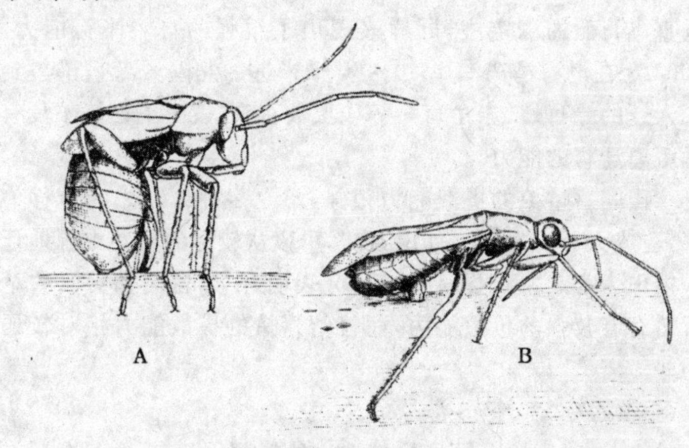

图4-3 盲椿象常见的产卵行为

（仿B. Kullenberg，1944）

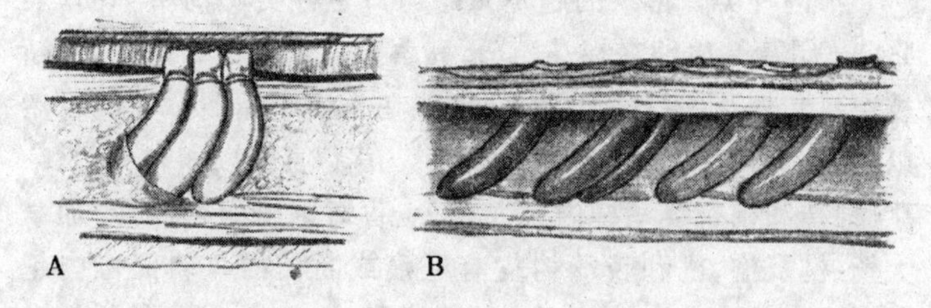

图4-4 产于植物组织中的盲椿象卵 （仿B. Kullenberg，1944）

六、盲椿象的飞行与扩散

盲椿象成虫善于飞行，这可能与追逐开花植物的觅食习性有关。绿盲蝽、中黑盲蝽、苜蓿盲蝽和三点盲蝽在飞行测试中,24 小时的平均距离为 20～50 千米,个体最大飞行距离为 160 千米(表 4-3)。美国牧草盲蝽和豆荚盲蝽在水平飞行和垂直飞行舱的测定中,同样表现出了很强的自主飞行能力。2002 年在渤海湾离海岸 40～60 千米远的北隍城岛上诱集到了入迁的绿盲蝽、赤角盲蝽等成虫数百头,表明了盲椿象具有远距离迁移的能力。

田间盲椿象的扩散能力很强,常在多种作物之间转移为害,造成大面积发生。如绿盲蝽,可以从较远的早春虫源地迁入棉田为害。“标记－回收”研究表明,中黑盲蝽和美国牧草盲蝽有着较强的扩散能力,而苜蓿盲蝽的扩散能力相对较弱一些。

七、盲椿象的越冬

不同种类盲椿象的越冬虫态与寄主种类和场所不同(表 4-4)。绿盲蝽以卵在棉花、苜蓿和苕子等寄主植物的残茬、断枝切口和棉花枯铃壳处越冬,也能在土壤中越冬。中黑盲蝽以卵在苜蓿和其他杂草寄主内过冬;苜蓿盲蝽以卵在苜蓿、杂草、棉秸和枸杞等茎杆内越冬;三点盲蝽则以卵在洋槐、加拿大杨、柳及榆、桃和杏等树皮有疤痕或断枝的疏软部位内越冬;牧草盲蝽则以成虫在土缝、墙缝、各种杂草、植物枯枝残叶和树皮裂缝内越冬。

表 4-3 几种盲椿象不同日龄成虫的飞行能力 （Lu 等,2007)

盲蝽蟓	日龄	飞行距离(km)		飞行时间(h)		飞行速度(km/h)	
		最大值	平均数±标准误	最大值	平均数±标准误	最大值	平均数±标准误
绿盲蝽	1	48.73	19.00 ± 2.78 b*	10.54	4.67 ± 0.63 a	5.63	4.06 ± 0.18 bc
	5	82.94	29.84 ± 5.23 ab	16.14	6.18 ± 0.91 a	7.60	4.43 ± 0.28 abc
	10	111.37	40.60 ± 5.23 a	17.49	7.72 ± 0.95 a	7.74	5.04 ± 0.23 a
	15	78.22	32.16 ± 3.80 ab	15.28	6.52 ± 0.74 a	7.66	4.96 ± 0.27 ab
	20	76.99	28.44 ± 3.09 ab	12.45	5.74 ± 0.59 a	7.45	5.13 ± 0.26 ab
	25	58.25	20.35 ± 2.89 ab	14.21	5.37 ± 0.72 a	7.31	3.80 ± 0.27 c
中黑盲蝽	1	46.72	14.54 ± 3.55 ab	13.36	4.20 ± 1.01 ab	4.66	3.39 ± 0.24 b
	5	52.58	27.59 ± 3.74 ab	12.10	5.67 ± 0.77 ab	7.75	4.95 ± 0.36 a
	10	122.96	40.61 ± 7.95 a	19.51	7.56 ± 1.34 a	7.17	5.25 ± 0.26 a
	15	131.64	29.25 ± 8.79 a	23.98	6.58 ± 1.69 a	5.49	4.28 ± 0.22 ab
	20	65.08	17.29 ± 4.12 ab	14.53	4.33 ± 1.05 ab	5.95	4.40 ± 0.27 ab
	25	15.40	7.69 ± 1.31 b	2.93	1.75 ± 0.27 b	6.11	4.37 ± 0.22 ab

续表 4-3

盲蝽蟓	日龄	飞行距离(km)		飞行时间(h)		飞行速度(km/h)	
		最大值	平均数±标准误	最大值	平均数±标准误	最大值	平均数±标准误
三点盲蝽	1	33.95	11.42 ± 1.85 bc	9.09	2.69 ± 0.49 bc	5.97	4.38 ± 0.21 a
	5	82.40	30.14 ± 6.18 ab	14.73	6.01 ± 1.20 ab	6.11	4.65 ± 0.32 a
	10	76.99	38.70 ± 4.63 a	13.32	7.53 ± 0.71 a	7.45	4.92 ± 0.24 a
	15	75.77	25.23 ± 5.38 ab	15.62	5.07 ± 1.03 ab	7.17	4.97 ± 0.26 a
	20	39.33	12.14 ± 2.79 bc	8.69	2.70 ± 0.62 bc	5.84	4.68 ± 0.20 a
	25	14.33	5.23 ± 0.77 c	2.59	1.34 ± 0.17 c	6.68	3.97 ± 0.31 a
苜蓿盲蝽	1	15.51	5.47 ± 0.61 b	3.63	1.47 ± 0.99 b	6.58	3.95 ± 0.20 b
	5	58.87	14.52 ± 2.44 b	11.41	2.88 ± 0.46 b	7.75	4.97 ± 0.20 a
	10	72.55	26.34 ± 4.17 a	11.97	5.17 ± 0.71 a	6.41	4.81 ± 0.13 ab
	15	53.71	23.63 ± 3.20 a	10.28	4.61 ± 0.57 a	6.75	4.93 ± 0.28 a
	20	12.58	8.09 ± 1.03 b	2.43	2.08 ± 0.18 b	6.11	3.89 ± 0.31 b
	25	11.53	4.84 ± 0.73 b	2.23	1.04 ± 0.15 b	5.50	4.62 ± 0.13 ab

注:表中所有数据差异显著性比较均在同种昆虫中进行

表 4-4 几种盲椿象越冬寄主(场所)

盲椿象种类	越冬寄主(场所)
绿盲蝽	棉花、苜蓿、苕子、草木樨、红豆草、小冠花、绿豆、赤豆、蚕豆、四季豆、豇豆、高粱、蓖麻、雪里蕻、香菜、胡萝卜、石榴、苹果、桃树、海棠、杞柳、枣树、一串红、猪毛蒿、藜、葎草、反枝苋等
中黑盲蝽	棉花、苜蓿、艾蒿、婆婆纳、苍耳、荠菜、小蓟、加拿大蓬、野苋、酢浆草、胡萝卜、冬芹菜、草木樨、红豆草、小冠花、白三叶、红三叶、马铃薯、雪里蕻、蚕豆、茼蒿、猪毛蒿、向日葵、藜、荞麦、甜高粱等
苜蓿盲蝽	苜蓿、杞柳、灰菜、黄花苦豆子、棉花、胡萝卜田菁、茼蒿、小白酒草、草木樨、红豆草、小冠花、其余一些杂草以及一些冬季绿肥
三点盲蝽	杨树、榆树、槐树、柏树、梨树、杏树、桃树、楝树、辣椒、红麻、高粱、葎草、玉米、雪里蕻等

盲椿象秋末产卵的寄主包括大田作物和田埂杂草两大类(图 4-5)。初冬,人们常对这些寄主植物进行割除、整理和堆积等农事活动,这些活动可以改变盲椿象的越冬场所。如卵产在活体寄主(如树木、牧草、冬季作物)上,则保留在寄主田中;大部分枯死作物和一些杂草被收割、堆积用作积肥等,产在上面的卵被移至柴堆;一部分作物和杂草的残枝落叶掉在田间或进行秸秆还田,卵通过枝叶腐烂进入了土壤;大部分杂草及上面的盲椿象卵仍留在田埂上。因此,寄主田、柴堆、土壤和田埂是盲椿象卵的主要越冬场所。早春农事操作,如果树的修剪、柴草的积肥、农田的耕翻、田埂枯草的清除等对盲椿象卵的越冬场所有破坏作用,直接降低越冬基数。

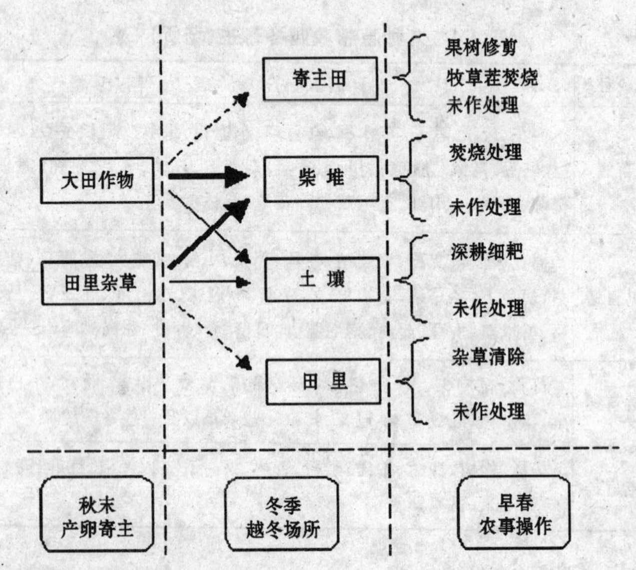

注：--->代表：未受农事操作干扰；
➡代表：枯死植株的收割、堆积；
→代表：枯死植物的腐烂或秸秆还田

图 4-5 盲椿象卵的越冬场所

第五章 盲椿象的发生规律

气候环境等非生物因素与天敌、寄主等生物因素是影响昆虫种群动态的主要因子，明确种群的发生规律，是害虫预测预报与治理的基础。本章结合盲椿象的年生活史介绍了影响其种群消长的主要因子。

一、盲椿象的年生活史

（一）长江流域

该区主要分布在北纬 25°以北，秦岭、淮河及苏北灌溉总渠以南，川西高原以东地区。包括：浙，沪，赣，湘，鄂，苏皖淮河以南，四川盆地，河南的南阳和信阳地区，以及陕南和滇、黔、闽三省北部等地区。本区属亚热带湿润性气候，热量条件较好，4～10 月份平均温度 21℃～24℃，≥15℃ 年积温 4 000℃～5 500℃，无霜期 220～300 天，年降水量 800～1 200 毫米，年日照时数 1 200～2 400 小时。春季和秋季多阴雨，常有伏旱。这一地区以绿盲蝽与中黑盲蝽为主。

1. 绿盲蝽 绿盲蝽在长江流域一般一年发生 5 代，在湖北襄阳、江西南昌可发生 6～7 代，其寄主转移情况如图 5-1 所示。在江苏，以卵在苜蓿、蚕豆、杞柳和湖桑的断茬髓部、杂草、棉花等枯枝断茬、铃壳及各种果树的表皮组织中越冬。早春 4 月份越冬卵孵化，在越冬场所附近的寄主上生活。一代成虫羽化高峰一般在 5 月中下旬，羽化后即大量迁移到蚕豆、

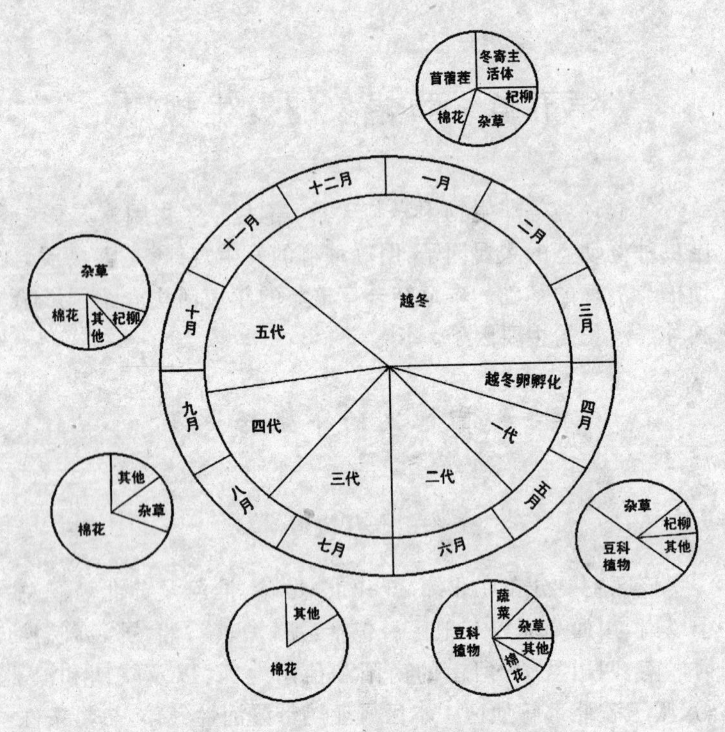

图 5-1 长江流域地区绿盲蝽寄主转移情况

胡萝卜、苜蓿、苕子、芹菜和茼蒿等花期蔬菜的留种田，以及蛇床子等杂草上产卵繁殖，并部分迁移到棉田为害。二代成虫羽化高峰在 6 月下旬，羽化后全面迁入棉田。三代、四代若虫主要在棉田为害，三代成虫在 7 月中下旬至 8 月上中旬羽化，四代成虫于 9 月中下旬羽化，随着棉田食料条件的恶化，大部分四代成虫迁移到蔬菜及野菊花等寄主上产卵繁殖。五代成虫在 10 月中下旬至 11 月羽化后迁至越冬寄主上为害，并产卵越冬。棉田二至四代二至三龄若虫盛期分别出现在 6 月中旬、7 月中旬和 8 月上中旬，为害盛期为 6 月中旬至 7 月下旬。由于成虫寿命长，产卵期长达 30～40 天，世代重叠现象明显。

2. 中黑盲蝽 中黑盲蝽在长江流域一年发生 4～5 代，其寄主转移情况如图 5-2 所示。在江苏地区，越冬卵产在杂

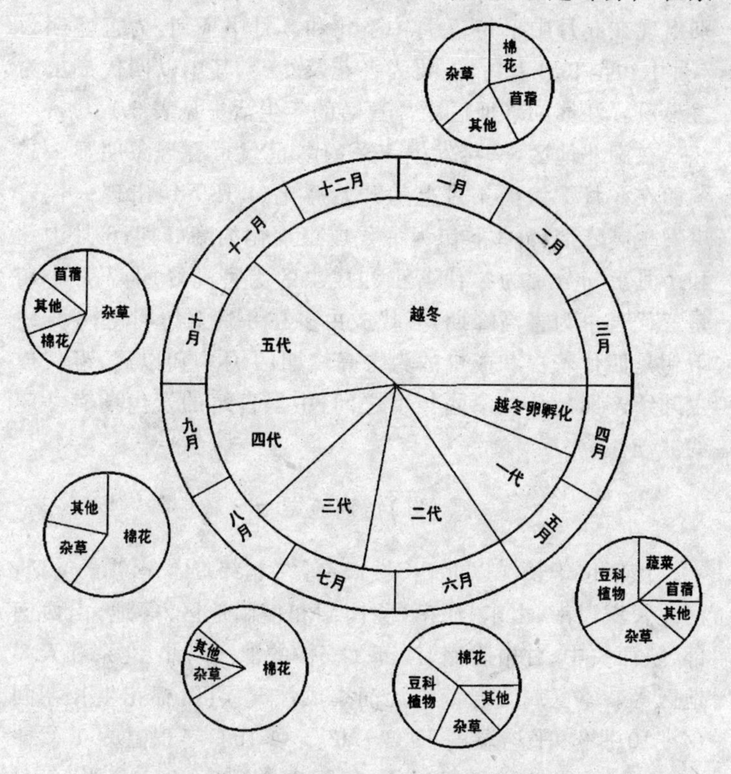

图 5-2 长江流域地区中黑盲蝽寄主转移情况

草及棉花的叶柄和叶脉中，随叶片枯焦脱落一起在棉田土表越冬。4 月中旬开始孵化，4 月下旬至 5 月初为孵化盛期，若

虫主要在棉茬越冬作物上生活。一代成虫于5月中下旬迁入棉田或豆科植物和胡萝卜等作物上产卵繁殖。6月下旬至7月上旬二代、8月上中旬三代、9月上中旬四代,成虫集中在棉田产卵为害。四代、五代成虫9月下旬至11月上旬在棉田及杂草上生活,产卵越冬。棉田二至四代二至三龄若虫盛期分别出现在6月中下旬、7月中下旬和8月中下旬,为害盛期为7月中旬至9月上旬,主要为害花及幼铃,其中以四代成虫为害最重。江苏如皋地区中黑盲蝽的年生活史见表5-1。

在湖北地区,一年发生4～5代,世代重叠现象明显。越冬卵在3月下旬至4月上旬开始孵化,4月下旬出现一代若虫发生高峰期,5月下旬为一代成虫羽化的高峰期;6月中旬和7月上旬分别为二代若虫和成虫的为害高峰期;7月中旬是三代若虫为害高峰期,三代成虫多在8月上旬羽化;8月中下旬是四代若虫和成虫的为害高峰期;9月中旬以后,五代成虫陆续产卵越冬。不同年度之间,中黑盲蝽的发生期有一定的波动。

(二)黄河流域

该区位于长江以北,长城以南,在北纬34°～40°。包括:河北长城以南、山东、河南(除南阳和信阳地区)等地,山西南部、陕西关中、甘肃陇南、江苏及安徽的淮河以北、北京和天津地区等。本区属暖温带半湿润季风性气候区,棉花生长期间(4～10月份)平均温度19℃～22℃,≥15℃年积温3 500℃～4 000℃,无霜期180～230天,年降水量500～800毫米,年日照时数2 200～2 900小时。春秋日照充足,有利于棉花生长发育和吐絮。降雨多集中在7～8月份。黄河流域棉区以绿盲蝽、中黑盲蝽、苜蓿盲蝽和三点盲蝽为主要对象。

表 5-1 江苏如皋地区中黑盲蝽的年生活史 （李明光和沙明治，1987）

世代	4月份			5月份			6月份			7月份			8月份			9月份			10月份			11月份			12月份至翌年3月份		
	上	中	下	上	中	下	上	中	下	上	中	下	上	中	下	上	中	下	上	中	下	上	中	下	上	中	下
一	●	●	●	●																							
		—	—	—	—	—																					
					+	+	+	+	+																		
二						●	●	●	●																		
							—	—	—	—																	
									+	+	+	+															
三										●	●	●															
											—	—	—														
												+	+	+	+												
四													●	●	●												
														—	—	—											
															+	+	+										
五																●	●	●									
																	—	—	—	—							
																		+	+	+	+	+	+				
越冬代																			●	●	●	●	●	●	●	●	●

注：+成虫；●卵；—若虫

1. 绿盲蝽 绿盲蝽在黄河流域棉区1年发生5代，其寄主转移情况如图5-3所示。在河北，绿盲蝽以卵在苜蓿、草木樨的断茬髓部、杂草、棉花等枯枝断茬、铃壳及枣树等果树的表皮组织中越冬。早春4月越冬卵孵化，4月中下旬是为害盛期。一代成虫羽化高峰一般在5月下旬至6月初，羽化后即大量迁移到蚕豆、苜蓿以及播娘蒿等花期植物上产卵、繁殖。二代成虫羽化高峰在6月中下旬，羽化后多迁入棉田。

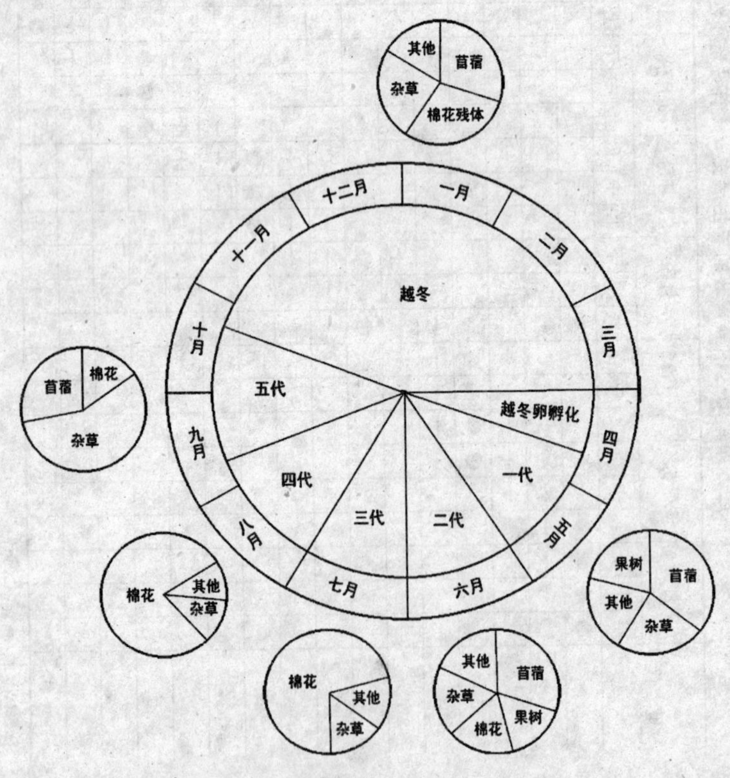

图5-3 黄河流域地区绿盲蝽寄主转移情况

三代成虫多集中在7月下旬至8月上旬羽化，四代成虫于9月初羽化。此后，随着棉田食物条件的恶化，大部分成虫转移到苜蓿和葎草等寄主上产卵繁殖。五代成虫在9月底至10月上旬迁至越冬寄主上为害并产卵越冬。河北沧州地区绿盲蝽的年生活史见表5-2。

在河南地区，绿盲蝽以卵在棉花枯枝、铃壳或苜蓿茎秆、苹果皮层与断枝残叶内及土壤等场所越冬，越冬卵于3月下旬至4月初孵化，5月初始见成虫。第二至五代成虫分别在6月上旬、7月中旬、8月中旬、9月底出现。发育期不整齐，有严重的世代重叠现象。6月上中旬侵入棉田，8月下旬迁出。

在山东地区，以卵在苜蓿、蒿子、石榴、木槿、苹果、桃等寄主的组织内越冬。一般在3月底至4月初孵化为若虫，大部分在越冬寄主上为害，少量迁移到小麦和杂草上。6月中旬为第一代成虫盛发期，迁入棉田为害。第二至四代成虫盛发期分别为7月中下旬，8月中旬，9月下旬至10月上旬。第四代成虫迁至越冬寄主上产卵越冬。

2. 中黑盲蝽 黄河流域棉区中黑盲蝽1年发生4代，其寄主转移情况如图5-4所示。4月中旬，中黑盲蝽越冬卵开始孵化，孵化后的若虫多集中在小苜蓿、婆婆纳等杂草上为害，高龄若虫向邻近寄主扩散。5月上中旬，一代成虫羽化后迁入正值花期的小麦、蚕豆等冬播作物田间。5月底，小麦等冬作物相继成熟，麦、棉套种田（或其他套种田）的中黑盲蝽直接转移到正处花期的野胡萝卜、全叶马兰、加拿大蓬等杂草地或早棉田繁殖、为害。6月中下旬，棉花现蕾、开花，二代成虫正逢羽化高峰期，大量迁入棉田，形成了棉田中黑盲蝽的第一次发生高峰。7～8月份是三代、四代盲蝽在棉田的发生高峰期。9月中旬后棉花逐渐枯衰，四代成虫开始向仍处花期的

表 5-2 河北沧州地区绿盲蝽的年生活史 （张秀梅等，2005）

世代	4月份			5月份			6月份			7月份			8月份			9月份			10月份			11月份			12月份至翌年3月份		
	上	中	下	上	中	下	上	中	下	上	中	下	上	中	下	上	中	下	上	中	下	上	中	下	上	中	下
一	●	●	●	●																							
		—	—	—	—	—																					
			+	+	+	+																					
二				●	●	●	●																				
					—	—	—	—	—																		
							+	+	+	+	+	+															
三							●	●	●	●	●	●															
								—	—	—	—	—	—														
										+	+	+	+	+	+												
四										●	●	●	●	●	●												
											—	—	—	—	—	—											
												+	+	+	+	+											
五												●	●	●	●	●											
													—	—	—	—	—										
														+	+	+	+	+	+	+	+						
越冬代															●	●	●	●	●	●	●	●	●	●	●	●	●

注：+成虫；●卵；—若虫

加拿大蓬、艾蒿、女菀和野苋等野生寄主上转迁、产卵越冬。

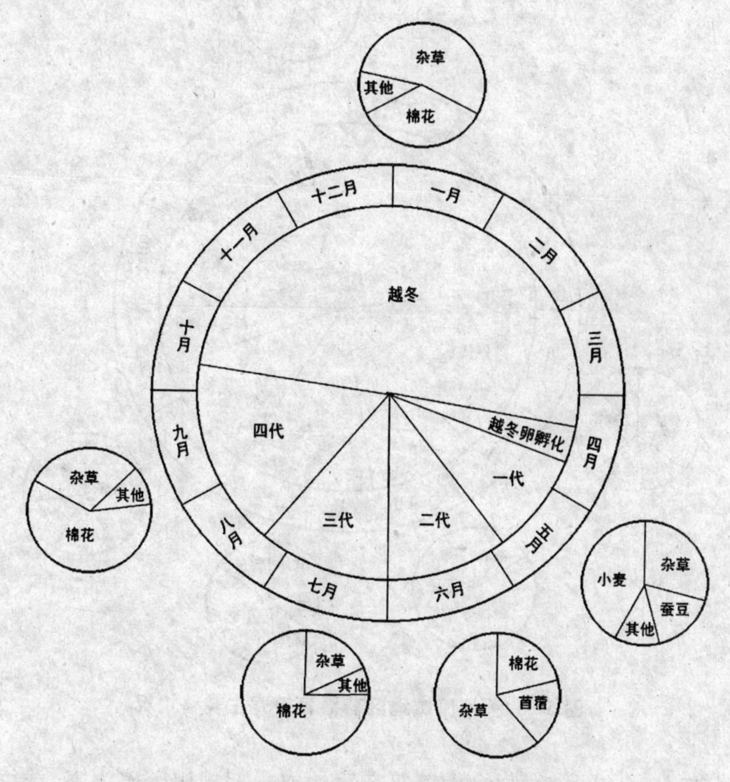

图 5-4 黄河流域地区中黑盲蝽寄主转移情况

3. 苜蓿盲蝽 苜蓿盲蝽在黄河流域 1 年发生 4 代，其寄主转移情况如图 5-5 所示。以卵在苜蓿、杂草、棉秸、枸杞等寄主的茎杆内越冬。4 月上中旬前后在野生寄主上孵化，取食幼嫩杂草，若虫期 40 天左右，5 月中旬开始羽化，扩散到正在孕穗的小麦田取食。5 月底，小麦等冬作物相继成熟，麦、棉套种田（或其它套种田）的成虫直接转移到正处花期的野胡

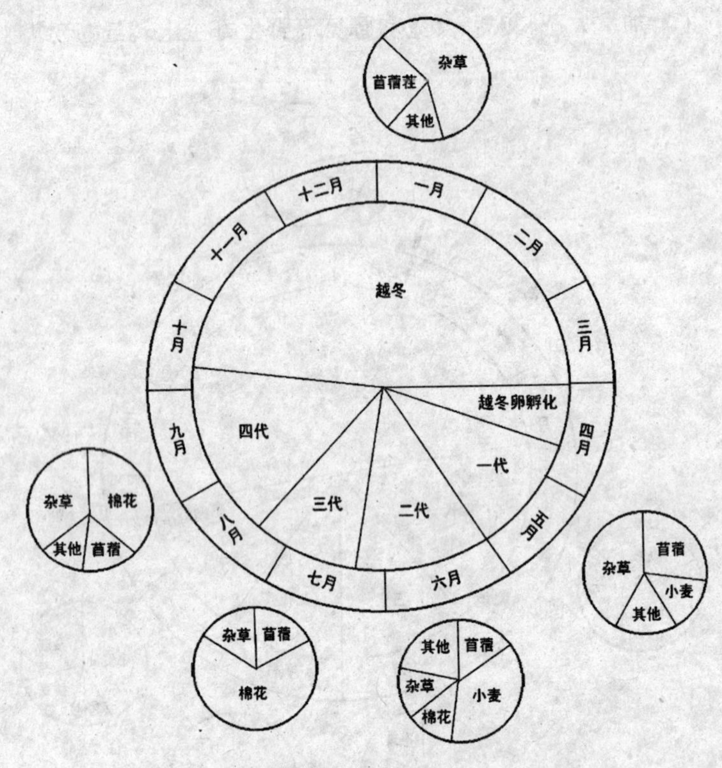

图 5-5　黄河流域地区苜蓿盲蝽寄主转移情况

萝卜、全叶马兰、加拿大蓬等杂草地或早期棉田繁殖为害。第二代成虫羽化高峰期为 7 月上旬,大量成虫转入棉田为害。第三代、第四代成虫发生高峰期分别是 8 月上旬和 9 月上旬。这两代仍然主要为害棉花,至 9 月中旬棉花植株开始衰老,苜蓿盲蝽成虫陆续迁出棉田,在晚秋继续开花的田菁、野苜蓿、女菀和小白酒草等豆科和菊科杂草上产卵越冬。河南东部地区苜蓿盲蝽的年生活史见表 5-3。

表 5-3　河南太康地区苜蓿盲蝽的年生活史　（高宗仁和李巧丝,2000）

世　代	4月份			5月份			6月份			7月份			8月份			9月份			10月份			11月份			12月份至翌年3月份		
	上	中	下	上	中	下	上	中	下	上	中	下	上	中	下	上	中	下	上	中	下	上	中	下	上	中	下
一	●	●	●																								
	—	—	—	—	—																						
				+	+	+	+																				
二						●	●	●	●																		
							—	—	—	—																	
								+	+	+	+																
三									●	●	●	●															
										—	—	—	—														
											+	+	+	+													
四												●	●	●	●												
													—	—	—	—											
														+	+	+	+	+									
越冬代															●	●	●	●	●	●	●	●	●	●	●	●	●

注：+成虫；●卵；—若虫

4. 三点盲蝽　三点盲蝽在黄河流域1年发生3代，其寄主转移情况如图5-6所示。以卵在洋槐、加拿大杨、柳及榆、

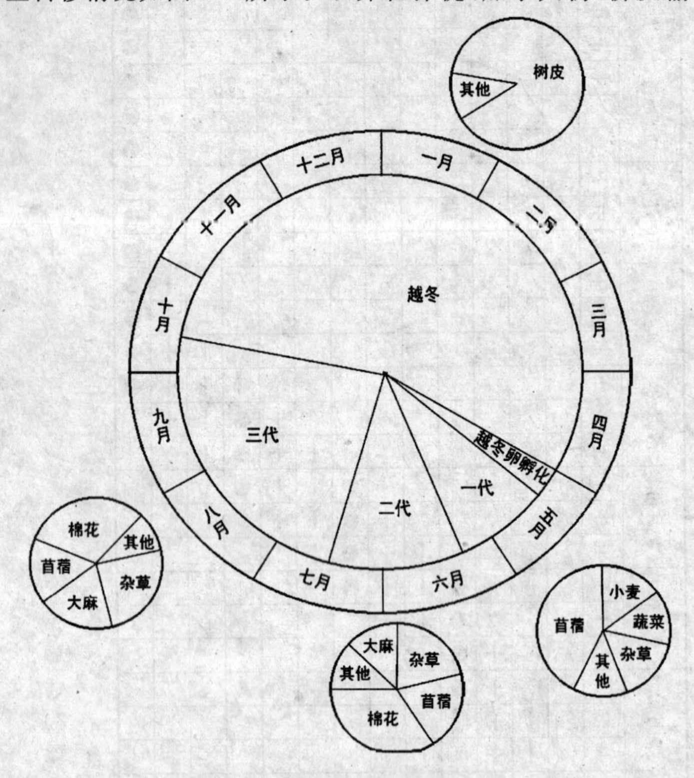

图5-6　黄河流域地区三点盲蝽寄主转移情况

桃、杏等树种的树皮内越冬。越冬卵5月上旬开始孵化，若虫5龄，约经26天羽化为成虫。第一代成虫的出现时间大约在6月下旬到7月上旬；第二代在7月中旬出现；第三代在8月中下旬出现。河南安阳地区三点盲蝽的年生活史如表5-4。

表 5-4 河南安阳地区三点盲蝽的年生活史 （朱弘复和孟祥玲，1958）

世代	4月份			5月份			6月份			7月份			8月份			9月份			10月份			11月份			12月份至翌年3月份		
	上	中	下	上	中	下	上	中	下	上	中	下	上	中	下	上	中	下	上	中	下	上	中	下	上	中	下
一	●	●	●	●	●	●																					
				—	—	—	—	—	—																		
						+	+	+	+	+																	
二							●	●	●	●	●																
								—	—	—	—	—	—														
										+	+	+	+	+	+												
三											●	●	●	●	●	●	●	●	●	●	●	●	●	●			
												—	—	—	—	—	—	—									
													+	+	+	+	+	+	+	+	+	+	+				
越冬代														●	●	●	●	●	●	●	●	●	●	●	●	●	●	●

注：+成虫；●卵；—若虫

(三)西部内陆

该区位于六盘山以西，大约在北纬 35°以北、东经 105°以西。包括新疆、甘肃河西走廊及沿黄灌区。本区日照充足，气候干燥，温差大，年降水量不足 200 毫米，年日照时数高达 2 700～3 300 小时，热量条件好，昼夜温差大，有利于棉花优质高产。该区土壤以灰漠土和棕漠土为主，均有不同程度盐渍化，并呈强碱性反应，肥力较低。按热量条件，吐鲁番盆地(≥10℃年积温 4 000℃～4 500℃)适于种植中熟海岛棉，南疆(≥10℃年积温 4 000℃以上)适于种植中早熟陆地棉和发展一部分中早熟海岛棉，北疆(≥10℃年积温 3 450℃～3 600℃)适于种植短季陆地棉。牧草盲蝽和苜蓿盲蝽是这一地区的优势种类。

1. 牧草盲蝽 牧草盲蝽在南疆地区 1 年发生 4 代，其寄主转移情况如图 5-7 所示。3 月中下旬温度 9℃以上时，可在冬麦、冬菠菜及十字花科蔬菜的植株上出蛰活动；5 月中下旬出现第一代成虫和若虫，主要为害苜蓿和杂草，并开始少量向生长旺盛的棉田转移。第二代发生高峰期在 6 月中下旬至 7 月上旬，此时棉花进入现蕾盛期至开花期，受害后极易形成中空；第三代发生在 8 月上中旬，主要为害棉株中上部幼蕾，8 月中下旬迁飞到棉田外寄主；第四代若虫和成虫发生在 9 月中下旬，在苜蓿、油菜、杂草、枯枝落叶及土缝内越冬，对棉田少危害。新疆莎车地区牧草盲蝽的年生活史见表 5-5。

在北疆，牧草盲蝽 1 年发生 3 代。以成虫在杂草残体和树皮裂缝中越冬，翌年 3～4 月份，平均气温 10℃以上，相对湿度达 70%左右时，越冬成虫出蛰活动，先在田埂杂草上取食，6 月中旬第一代成虫迁入棉田为害，7 月下旬第二代成虫达到为害盛期，8 月下旬出现第三代。9 月下旬后，成虫陆续迁飞到开花的杂草上产卵繁殖，最后以成虫蛰伏越冬。

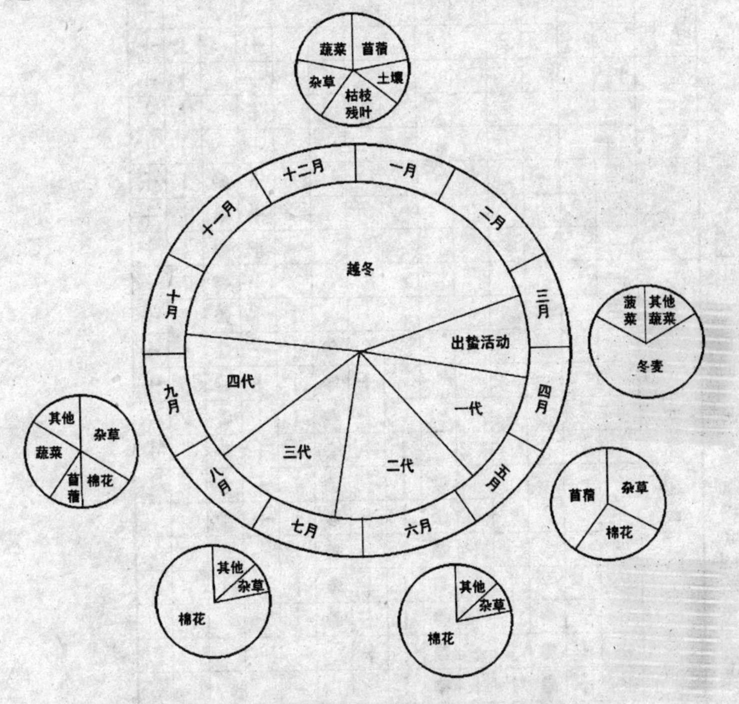

图 5-7　西部内陆地区牧草盲蝽寄主转移情况

2. 苜蓿盲蝽　苜蓿盲蝽 1 年发生 3 代，其寄主转移情况如图 5-8 所示。以卵在苜蓿和其他冬季绿肥地块中越冬。越冬卵于 5 月上旬开始孵化，5 月下旬为孵化盛期；第一代成虫盛期 6 月上中旬，成虫羽化后迁入棉田；7 月中旬出现第二代若虫，7 月底至 8 月初第二代成虫开始羽化；8 月上中旬迁出棉田；最后一代成虫于 9 月中旬前后在苜蓿和黄花苦豆子上产卵越冬。

表 5-5　新疆莎车地区牧草盲蝽的年生活史　（张圭松，1964）

世代	4月份			5月份			6月份			7月份			8月份			9月份			10月份			11月份			12月份至翌年3月份		
	上	中	下	上	中	下	上	中	下	上	中	下	上	中	下	上	中	下	上	中	下	上	中	下	上	中	下
越冬代	+	+	+	+	+	+	+																				
一		●	●	●	●	●	●	●																			
			—	—	—	—	—	—	—																		
				+	+	+	+	+	+	+	+																
二					●	●	●	●	●	●	●	●															
						—	—	—	—	—	—	—	—														
							+	+	+	+	+	+	+	+	+												
三								●	●	●	●	●	●	●	●	●											
									—	—	—	—	—	—	—	—	—										
										+	+	+	+	+	+	+	+	+	+	+	+	+	+	+	+		
四											●	●	●	●	●	●	●	●	●	●	●						
												—	—	—	—	—	—	—	—	—	—	—	—	—	—		
													+	+	+	+	+	+	+	+	+	+	+	+	+	+	+

注：+成虫；●卵；—若虫

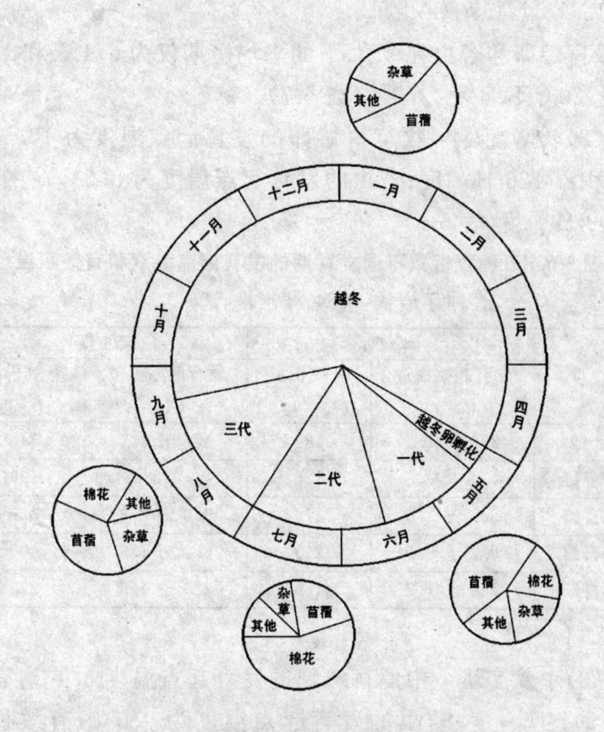

图 5-8 西部内陆地区苜蓿盲蝽寄主转移规律

二、盲椿象的种群消长与环境的关系

(一)温 度

1. 影响生长发育和繁殖

(1)绿盲蝽 绿盲蝽卵的发育起点温度为 3.0℃,有效积温 188 日·度;若虫的发育起点温度为 4.6℃,有效积温 340 日·度(表 5-6)。卵和若虫的发育速率随着温度的升高而加速，绿盲蝽卵和若虫在35℃下的平均历期仅为6.4天和11.1天，比20℃下缩短了50%（表5-7）。

（2）牧草盲蝽　牧草盲蝽卵的发育起点温度为10.4℃，有效积温126日·度；若虫的发育起点温度为8.5℃，有效积温199日·度（表5-6）。

表5-6　五种盲椿象不同发育期的发育起点温度和有效积温

（丁岩钦，1964；张圭松，1964）

种　类	卵　期		若虫期	
	发育起始温度（℃）	有效积温（日·度）	发育起始温度（℃）	有效积温（日·度）
绿盲蝽	3.0 ± 1.3	188	4.6 ± 1.7	340
牧草盲蝽	10.4	126	8.5	199
中黑盲蝽	5.4 ± 1.0	214	9.0 ± 2.8	329
苜蓿盲蝽	5.2 ± 0.9	213	6.7 ± 1.3	409
三点盲蝽	7.8 ± 1.7	186	7.0 ± 1.5	373

（3）中黑盲蝽　中黑盲蝽卵的发育起点温度5.4℃，有效积温217日·度；若虫的发育起点温度为9.0℃，有效积温329日·度（表5-6）。随着温度升高，中黑盲蝽的卵和若虫阶段发育均明显加快。卵和若虫35℃下的发育历期分别为7.7天和14.4天，而20℃时则长达15.5天和29.5天（表5-7）。

（4）苜蓿盲蝽　苜蓿盲蝽卵的发育起点温度为5.2℃，有效积温213日·度；若虫的发育起点温度为6.7℃，有效积温409日·度（表5-6）。卵历期为8～15天，若虫历期为25～47天，两者发育速率均随温度的升高而加快。成虫在15℃下寿命最长，但不能产卵；20℃下产卵前期长，产卵量低，；25℃下产卵前期短、产卵量大；30℃和35℃下成虫寿命与产卵量较25℃有所下降；37℃时成虫寿命明显缩短，产卵量少（表5-

7)。

(5)三点盲蝽　三点盲蝽卵的发育起点温度为7.8℃，有效积温186日·度；若虫的发育起点温度7.0℃，有效积温373日·度(表5-6)。卵历期6～13天，若虫期13～26天(表5-7)。

表5-7　不同温度下四种盲椿象卵和若虫的发育历期

(丁岩钦，1964)

种类	温度	发育历期(天)						
		卵	一龄若虫	二龄若虫	三龄若虫	四龄若虫	五龄若虫	整个若虫期
绿盲蝽	20	11.5±0.76	4.2	4.0	4.1	4.7	3.4	20.4±1.81
	30	6.6±0.58	2.9	2.2	2.5	2.2	2.3	12.1±1.23
	35	6.4±0.42	2.2	2.1	2.4	2.3	2.1	11.1±1.53
中黑盲蝽	20	15.5±1.11	6.3	5.7	6.2	5.8	5.5	29.5±2.58
	25	10.7±0.81	2.8	4.1	4.2	4.7	4.1	15.9±2.19
	30	8.4±0.72	2.4	3.5	3.5	3.2	3.0	15.7±2.11
	35	7.7±0.78	2.3	3.0	2.5	2.6	3.0	14.4±1.02
苜蓿盲蝽	20	13.2±2.30	6.0	4.5	5.5	5.5	5.0	26.5±0.30
	25	10.6±0.16	4.2	4.3	4.3	4.4	4.2	21.2±0.72
	30	8.8±0.28	2.5	4.2	3.7	4.2	4.0	19.0±0.95
	35	7.1±0.75	2.3	2.5	3.7	2.5	4.0	15.3±1.09
三点盲蝽	20	13.1±0.50	5.1	4.3	6.6	4.5	4.7	25.2±1.16
	25	11.4±0.49	3.7	2.7	5.1	4.3	4.4	20.2±0.74
	30	9.2±0.32	3.4	2.8	4.0	3.5	4.3	18.2±0.58
	35	6.7±0.97	2.3	3.0	3.0	2.8	3.1	13.5±0.55

2. 影响种群消长　在20℃～35℃的温度范围内，苜蓿盲蝽种群的内禀增长率(y)与温(x)度之间的关系呈抛物线关系(图5-9)。

在60±5%RH条件下，$100y=-73.019+5.622x-$

$0.101x^2$，$r=0.996$；

在 80±5%RH 条件下，$100y=-75.295+5.794x-0.102x^2$，$r=0.997$。

其中，RH 为相对湿度，r 为相关系数

内禀增长率是综合反映种群增长趋势的一个参数。上述两个方程表明，温度对苜蓿盲蝽种群的发展有着明显的作用，适温范围以外的低温、高温对其种群增长都有较强的抑制作用。

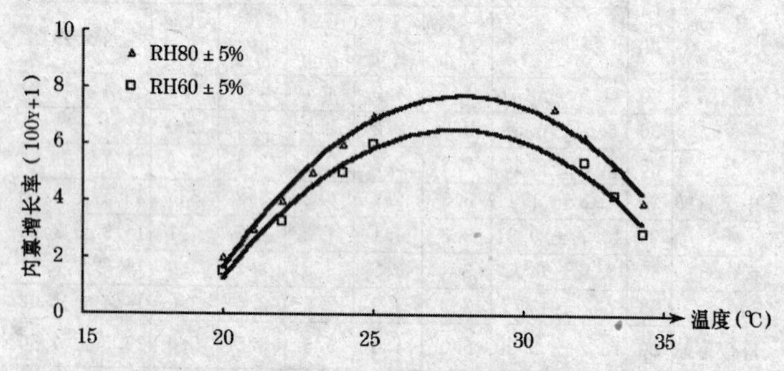

图 5-9　温度与苜蓿盲蝽内禀增长率之间的关系

（仿李巧丝等，1994）

在田间，盲椿象的越冬卵于早春开始孵化，如这段时间内气温较高，卵发育整齐且发育速度快，有助于盲椿象的快速增长；反之，则孵化期推迟、孵化不整齐。如绿盲蝽，越冬卵在均温 11℃以上和较大的湿度下孵化率高，4 月份低温则可明显抑制绿盲蝽的发生。

夏季持续高温，将导致盲椿象种群数量下降。如陕西关中地区棉花铃期，在相对湿度 60%～80%的条件下，若温度在 25℃～28℃，盲椿象种群多数上升；而温度在 30℃以上时，成虫寿命明显降低，产卵量和卵孵化率也降低。

(二)降　雨

盲椿象属喜湿昆虫。在多雨高湿的情况下,盲椿象成、若虫活动频繁,发生为害也较严重,因此盛发期降雨可显著增加为害。在陕西关中地区,6 月份降水量与蕾期盲椿象种群的增长有显著的正相关关系。棉田盲椿象种群消长曲线受降水量与降雨期的调节,根据降水量与降雨期的不同分为前峰型、中峰型、后峰型与双峰型四种类型。其中,前峰型属前涝后旱型,即蕾期为害型;后峰型属前旱后涝型,即铃期为害型;双峰型属涝年型,即蕾、铃两期为害型;中峰型属旱年型,即蕾铃两期受害均轻型(图 5-10)。

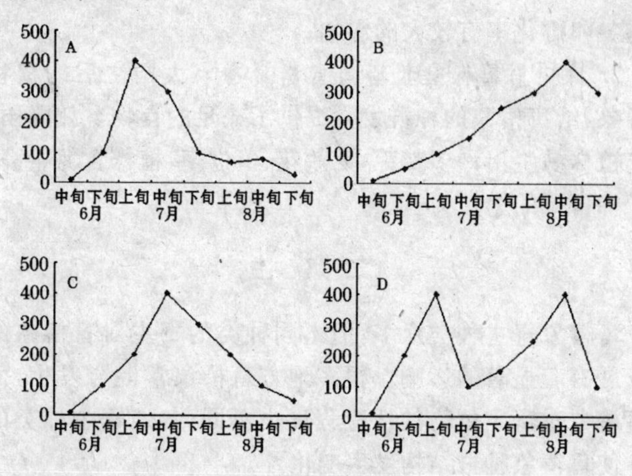

图 5-10　盲椿象种群消长曲线的特征　(仿丁岩钦,1964)

A:前峰型　B:后峰型　C:中峰型　D:双峰型

在新疆棉区,灌溉对棉田湿度的影响,可调节盲椿象种群的发生动态。靠近干渠的棉田,因渠内长年流水导致空气湿度大而使为害重。总体上,多雨高湿有助于盲椿象发生、少雨干旱则抑制种群增长。主要原因有以下几种。

1. 多雨高湿利于盲椿象卵的孵化 较高的空气湿度常有利于盲椿象卵的孵化。在25℃和40%空气相对湿度下，苜蓿盲蝽和中黑盲蝽卵的孵化率分别为32%和39%，而在80%空气相对湿度下两者分别上升为100%和74%。植物体内含水量的变动对卵的孵化有很大影响，高含水量有利于孵化，以含水量在78%～85%时孵化率最高。棉枝干瘪失水可严重影响卵的孵化，当含水量低于50%时，孵化率急剧降低。

在田间，活体植株内的含水量相对稳定，对盲椿象卵的影响比较小；而越冬卵产在枯枝或树皮表层内，这些组织的含水量与大气湿度和降雨有密切的关系。因此，相对湿度和降雨对越冬卵孵化率有较大的影响。

2. 降雨后植株疯长增加食物资源 大雨之后的植物疯长现象，给盲椿象的种群发生提供了充足的食物。如降雨后，棉花植株易生出许多赘芽，无效花、蕾过多，植株含氮量高，有利于棉盲蝽的繁殖为害。

(三)寄　主

盲椿象寄主种类众多，但不同种类的寄主对盲椿象的种群发展有着显著的影响。很多地方盲椿象常混合发生，而不同盲椿象对寄主植物的适应程度也不同，各地寄主种类的更替常使盲椿象种群结构发生变化。

1. 影响种群消长 盲椿象在不同寄主植物上的种群适合度和增长率有明显的差异。如苜蓿盲蝽，总生殖力和净生殖率均以苜蓿上最高、棉花次之、菜豆第三、芝麻最低，内禀增长率依次为0.06、0.03、−0.01和−0.01，表明菜豆和芝麻为非适宜寄主(表5-8)。

表 5-8　苜蓿盲蝽取食不同寄主植物的生命参数

生命参数	苜蓿	棉花	菜豆	芝麻
50%死亡时间(天)	40.01	38.29	19.34	20.94
总生殖力(GRR)	31.08	19.48	13.67	12.01
净生殖率(R)	12.43	3.86	0.79	0.73
平均世代周期(T)	41.72	48.93	40.32	50.42
发育时间(天)	40.04	49.51	40.35	49.72
内禀增长率(rm)	0.06	0.03	−0.01	−0.01
增殖率极限(λ)	1.06	1.03	0.99	0.99
种群加倍天数(t)	11.48	25.11	—	—

同一寄主植物不同品种上盲椿象种群的发生存在明显的差异。如无锡本地品种“宜兴群体小叶”茶树上基本没有绿盲蝽的为害，而“大毫”和“福丁良种”等品种茶树受害严重。作物栽培方式对盲椿象的发生也有一定的影响。移栽棉花的生育期比直播棉早，这就为二代盲椿象提供了理想的栖息地。在江苏省扬州市，20 世纪 70 年代以棉茬套种绿肥种植水稻为主，绿肥一般 4 月下旬犁田上水，田中的中黑盲蝽越冬卵此时正处于孵化期，大部分若虫和卵被淹死，降低了一代虫口基数；80 年代以后，棉茬绿肥逐年减少，取而代之的是三麦、蚕豆和油菜，从而为中黑盲蝽越冬卵孵化和若虫存活提供了有利条件，增加了一代的发生基数。在麦棉套作、棉花与西瓜套作和棉花与花生等套作模式下，由于棉花与这些作物共生期较长，延长了盲椿象的为害时间。特别是棉花与西瓜套作田，由于采取了地膜加拱膜的栽培方式，揭膜后盲椿象迅速转移为害早发棉花。

2. 影响种类组成 寄主种类和耕作制度的变更，直接影响种群结构的组成。在江苏大丰，20世纪70年代由于早春的苕子、黄花菜、箭舌豌豆和蚕豆的种植面积较大，绿盲蝽一代、二代虫量占种群数量的91.7%和78%。80年代后，绿肥面积逐渐减少，绿盲蝽种群比率逐渐降低，而相应的中黑盲蝽种群比率明显提高。

(四)天 敌

1. 天敌种类 已报道的盲椿象捕食性天敌有10余种、寄生蜂3种。

(1)小花蝽(*Orius minutus* L.) 属半翅目花蝽科，食性杂，广泛分布于长江和黄河流域棉区。

小花蝽1年发生8～9代，以成虫在枯枝烂叶下、杂草堆和树皮缝隙等处群集越冬。3～5月间在麦田、苜蓿、油菜、杂草、绿肥田及各种蔬菜田活动，5月下旬至6月上旬进入棉田。6～10月份发生5代，7～8月份种群数量较高，10月份迁出棉田，11月上旬开始越冬。

(2)草蛉 草蛉是捕食性天敌的一大类群，广泛分布于南北各地。主要种类有大草蛉(*Chrysopa swptempunctata* Wessnael)、中华草蛉(*Chrysopa sinica* Tjeder)、丽草蛉(*Chrysopa formosa* Brauer)和叶色草蛉(*Chrysopa phyllochroma* Wesmael)等。

中华草蛉1年发生5～6代，成虫于11月下旬开始在枯枝落叶内、树皮下、屋檐、墙缝等处越冬，翌年2～3月份开始活动，4～5月份转入小麦、苜蓿、蚕豆、油菜、豌豆、果树、林木和花卉上活动。第一代成虫于5月下旬迁入棉田，在棉田发生4～5代，一般在7月上旬、7月下旬、8月中旬和9月上旬有 4 个高峰，对棉田中后期害虫控制作用较强，是典型的耐高温、后发型种类。而大草蛉、丽草蛉（每年均发生 4～5 代）则属不耐高温的前发型品种，一般以 4～6 月份为其发生盛期，7 月份以后很少见到。

（3）七星瓢虫（*Coccinella septempunctata* L.） 取食各种蚜虫、棉铃虫和盲椿象等，分布广泛。

七星瓢虫在北京地区 1 年发生 1～2 代，山东、河南等地 1 年发生 3～5 代。以成虫在土块下、小麦分蘖和根茎间缝隙内、枯枝落叶间、树洞内、石块下、井房和棚屋内越冬，有长距离迁飞习性。越冬代成虫一般于早春 2～3 月份开始活动，4～5 月间多集中于麦田，其后即随麦田成熟而向有蚜虫的棉田及木本植物上迁移，棉田的数量高峰期在 6 月上旬，7～8 月间数量逐渐下降。

（4）姬猎蝽 姬猎蝽种类较多，棉田常见的有华姬猎蝽（*Nabis sinoferus* Hsiao）、窄姬猎蝽（*Nabis stenoferus* Hsiao）等种类，广泛分布于全国各棉区，可取食棉蚜、蓟马、盲椿象若虫及棉铃虫、小造桥虫、金刚钻等害虫的卵。

华姬猎蝽 1 年可发生 5 代。以成虫在苜蓿、杂草根际及枯枝烂叶下越冬，翌年 3 月份开始活动，4～5 月间在小麦、油菜、苜蓿、绿肥和蚕豆等田块上活动，6 月上旬成虫转移到棉田，在棉田繁殖 3～4 代后又迁往秋作及各种蔬菜田，11 月开始越冬。

（5）三色长蝽（*Geocoris ochropterus* Fieber） 三色长蝽的成虫和若虫均捕食蚜虫、红蜘蛛、蓟马、叶蝉和盲蝽若虫以及棉铃虫、红铃虫、金钢钻和造桥虫等多种害虫的卵和低龄幼虫。在食料缺乏的情况下，也捕食瓢虫的幼虫和小花蝽等益虫。

三色长蝽以成虫在苜蓿、苕子田里及枯枝落叶下越冬，翌年5月份开始活动。成虫行动敏捷，4～5月份多在有红蜘蛛和蚜虫为害的杂草及绿肥、蚕豆、蔬菜等作物上产卵繁殖，以红蜘蛛为害的杂草上较为常见。一般于6月迁入棉田，7月上中旬发生较多，8月中旬以后逐渐减少。

(6)草间小黑蛛(*Erigonidium graminicolum* Sundevall) 又名赤甲黑腹微蛛或小黑蛛。可取食棉铃虫等鳞翅目害虫的卵和初孵幼虫及棉蚜、叶螨、蓟马、盲蝽和叶蝉等。广泛分布于各棉区。

草间小黑蛛1年可发生4～5代。以成、幼蛛在麦田、绿肥田、蔬菜田及田边土缝内越冬，翌年3月上旬在早春作物上始见，5月中下旬迁入棉田，6～9月份在棉田一直有较高的种群数量。草间小黑蛛从棉花苗期到吐絮期一直在棉田有较高的数量，全年有4个发生高峰期，分别在6月中下旬至7月中下旬、8月中下旬、9月中下旬和10月上中旬。该种具有抗药性强、繁殖快等特点，其消长与作物长势、害虫数量及耕作灌溉等有关。作物长势好、害虫宿主发生早而量大，则草间小黑蛛多。但耕犁、耙地，漫灌、作物连根收获对其杀伤大。小黑蛛食性广，不受某一种宿主数量变动的影响。

(7)T纹豹蛛(*Pardosa T-insignita* Boes. et Str.) 又称T纹狼蛛或丁纹豹蛛。食性广。在南北各棉区均有分布。是蜘蛛类群中数量仅次于草间小黑蛛的棉田蜘蛛种类。

T纹豹蛛1年发生3代。以成蛛、亚成蛛在田埂、路边土缝、洞穴中越冬。抗寒力强，早春活动早，卵盛期分别为4月份、7月中下旬和8月中下旬，12月底开始越冬。幼虫孵出后，先群聚于雌蛛背面养一段时间，后逐渐下地分散各自单独觅食。不结网游猎型，成蛛多在地面活动，幼蛛主要在棉株上活动。由于其体型大、活动范围广、捕食能力强，对棉铃虫、棉蚜、叶蝉、盲蝽、小地老虎和小造桥虫等均有较强的捕食能力。从棉苗出土到棉花收获在田间均有一定的种群数量，在棉田每年有3个数量高峰，分别在7月中下旬、8月中下旬和9月中下旬，有时5～6月份也有一小高峰。

(8)三突花蛛(*Misumenops tricuspidatus* Tabricius)
三突花蛛为我国长江和黄河流域棉区的优势蜘蛛，是不结网游猎性蜘蛛，食性杂。

三突花蛛在湖北省武汉市以第二代成蛛和第三代幼蛛于11月中下旬在杂草、枯叶和冬播作物田内越冬。翌年3月中旬开始活动，4月中下旬开始产卵，在该地区1年可完成2～3个世代。一般雌蛛1年可发生2代，雄蛛大多数发生3代。

(9)其他天敌　包括鞍形花蟹蛛(*Xysticux ephippiatus* Simon)、棕管巢蛛(*Clubiona japonicola* Boes. et Str.)、螳螂(*Hierodula* sp.)、尖腹隐翅虫(*Tachyporinea* sp.)、青翅蚁形隐翅虫(*Paederus fuscipes*)、紫红蚂蚁(*Formicidae* sp.)以及寄生螨类1种与蜘蛛数种。

寄生于绿盲蝽、三点盲蝽和苜蓿盲蝽的卵内有3种寄生蜂：点脉缨小蜂(*Anagrus* sp.)，盲蝽黑卵蜂(*Telenomus* sp.)和柄缨小蜂(*Pelymema* sp.)。据陕西省调查，另有寄生于若虫的寄生蜂两种，学名尚未确定。

2. 天敌的控制作用　1954年河南安阳调查发现，苜蓿盲蝽第二代卵的被寄生率为78.3%，其中点脉缨小蜂占91%，盲蝽黑卵蜂占6%，柄缨小蜂占3%。1955年调查苜蓿盲蝽第一代卵的寄生率为15.9%。1954年6月至12月，调查了三点盲蝽越冬卵2 182粒，寄生率为27.5%。其中点脉缨小蜂占51.8%，盲蝽黑卵蜂占44.1%，柄缨小蜂占4.1%。

1955年收集的三点盲蝽越冬卵寄生率为27%。

丁纹豹蛛等多种捕食性天敌对盲椿象成虫和若虫具有一定的捕食作用(图5-11)。其中,每头丽草蛉、三突花蛛、华姬猎蝽和七星瓢虫日均捕食盲椿象若虫量分别为1.3、1.1、0.8和0.6头。天敌对田间盲椿象种群消长的影响程度和多种因素相关。近年来的田间系统调查结果显示,天敌昆虫对棉田盲椿象种群增长的控制作用较小。

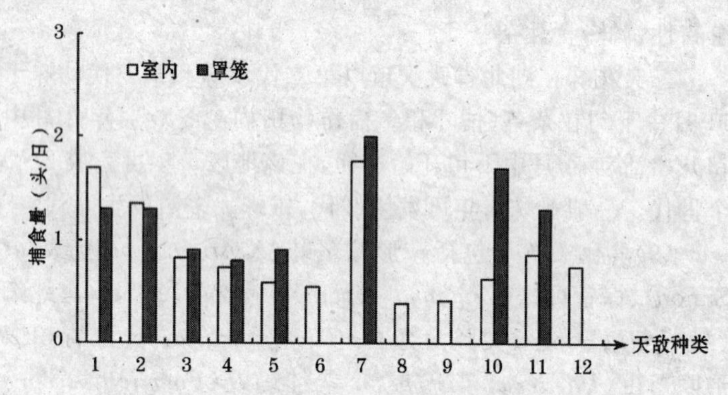

图5-11 不同种类的天敌对盲椿象的捕食能力的比较

(曹瑞麟,1986)

1. 丁纹豹蛛 2. 鞍形花蟹蛛 3. 棕管巢蛛 4. 草间小黑蛛 5. 三突花蟹蛛 6. 跳蛛 7. 螳螂 8. 尖腹隐翅虫 9. 青翅蚁形隐翅虫 10. 窄姬猎蝽 11. 三色长蝽 12. 紫红蚂蚁

(五)农 药

因为化学农药能在短时间内对害虫有强烈的致死作用,农药的使用对害虫种群的消长影响巨大。一些残效期较长的药剂,施用后还会对害虫种群产生亚致死作用。但在化学农药的长期选择下,害虫能产生抗性降低农药的控制效果。

1. 致死作用 试管药膜法测定表明，倍硫磷、丁硫克百威、硫丹、甲氰菊酯、高效绿氰菊酯、功夫菊酯、毒死蜱、喹硫磷、啶虫脒、辛硫磷和丙溴磷对绿盲蝽成虫的致死中浓度(LD_{50})分别为0.49、0.53、0.58、0.59、0.76、0.1、1.39、1.66、1.99、2.34和4.0mg/L。它们对绿盲蝽成虫的毒力大小依次为倍硫磷＞丁硫克百威＞硫丹＞甲氰菊酯＞高效率氰菊酯＞功夫菊酯＞毒死蜱＞喹硫磷＞啶虫脒＞辛硫磷＞丙溴磷(表5-9)。

浸叶法测定表明，丁硫克百威、硫丹、高效氯氰菊酯、残杀威和溴氰菊酯处理苜蓿盲蝽二龄若虫48小时后，LC_{50}值皆小于1 mg/L；倍硫磷、甲维盐、甲萘威、啶虫脒、吡虫啉和辛硫磷等防治效果也很好，LC_{50}值分布于1～10 mg/L；毒死蜱、乙酰甲胺磷、丙溴磷、三唑磷和阿维菌素对苜蓿盲蝽也有一定的防治效果，LC_{50}值分布于10～100 mg/L。(表5-10)。

阿维菌素、氟铃脲和丁醚脲处理苜蓿盲蝽二龄若虫72小时后，LC_{50}值低于10 mg/L；达净松、印楝素、噻嗪酮和单甲脒等也有一定的防效，但呋喃虫酰肼和噻螨酮的防治效果较差(表5-11)。

总体而言，高效氯氰菊酯、丁硫克百威、残杀威、倍硫磷、硫丹和溴氰菊酯对盲椿象的毒力较强，其次是甲维盐、甲萘威、啶虫脒、吡虫啉和辛硫磷。不同类型农药的复配具有一定程度的增效作用，如丁硫克百威与高效氯氰菊酯1∶2复配增效作用显著(表5-12)。

表 5-9　11 种杀虫剂对绿盲蝽成虫的室内毒力测定

药　剂	毒力回归方程 $Y=a+bX$	斜率 Slope±SE	LC_{50}（mg/L）(95%置信域)	LC_{90}（mg/L）(95%置信域)
倍硫磷	Y=6.172 + 3.805X	3.81 ± 0.56	0.49 (0.4～0.6)	1.07 (0.8～1.7)
丁硫克百威	Y=5.553 + 2.030X	2.03 ± 0.32	0.53 (0.4～0.7)	2.28 (1.5～5.0)
硫　丹	Y=5.689 + 2.929X	2.93 ± 0.44	0.58 (0.5～0.7)	1.59 (1.2～2.6)
甲氰菊酯	Y=5.404 + 1.758X	1.76 ± 0.22	0.59 (0.4～0.8)	3.15 (2.2～5.5)
高效氯氰菊酯	Y=5.200 + 1.643X	1.64 ± 0.23	0.76 (0.5～1.0)	4.55 (3.0～9.1)
功夫菊酯	Y=5.090 + 2.158X	2.16 ± 0.27	0.91 (0.7～1.2)	3.56 (2.4～6.8)
毒死蜱	Y=4.944 + 2.683X	2.68 ± 0.45	1.39 (1.2～1.7)	4.19 (3.1～7.3)
喹硫磷	Y=4.353 + 2.931X	2.93 ± 0.40	1.66 (1.4～2.1)	4.55 (3.3～8.0)
啶虫脒	Y=4.652 + 1.165X	1.17 ± 0.17	1.99 (1.3～2.9)	25.01 (13.5～70.9)
辛硫磷	Y=4.167 + 2.21X	2.21 ± 0.28	2.33 (1.9～3.1)	9.06 (6.3～15.8)
丙溴磷	Y=2.592 + 2.82X	2.82 ± 0.41	4.00 (3.3～4.7)	11.38 (8.8～17.4)

表 5-10　药剂对苜蓿盲蝽若虫室内毒力测定结果　（48 小时）

药　剂	毒力回归方程 $Y=a+bX$	LC_{50}(mg/L)(95%置信域)	LC_{90}(mg/L)(95%置信域)
高效氯氰菊酯	$Y=5.407+1.276X$	0.48 (0.2～0.9)	4.84 (2.7～12.8)
丁硫克百威	$Y=6.120+1.216X$	0.12 (0.0～0.2)	1.33 (0.7～3.6)
残杀威	$Y=5.233+1.508X$	0.70 (0.3～1.2)	4.93 (2.8～14.3)
倍硫磷	$Y=4.274+1.976X$	2.33 (1.0～3.6)	10.40 (6.7～24.9)
硫　丹	$Y=6.122+1.555X$	0.19 (0.1～0.3)	1.29 (0.8～3.2)
溴氰菊酯	$Y=5.023+0.869X$	0.94 (0.2～2.2)	28.06 (13.4～99.5)
辛硫磷	$Y=-0.578+5.692X$	9.55 (7.1～12.2)	16.05 (12.6～24.4)
毒死蜱	$Y=1.623+3.155X$	11.76 (6.8～16.6)	29.97 (20.8～61.7)
啶虫脒	$Y=2.762+2.724X$	6.63 (3.3～9.5)	19.58 (13.7～37.9)
丙溴磷	$Y=1.384+3.030X$	15.61 (9.1～21.3)	41.34 (29.7～80.4)
乙酰甲胺磷	$Y=2.059+2.702X$	12.26 (3.5～18.0)	36.55 (25.4～107.5)
三唑磷	$Y=1.952+2.198X$	24.36 (12.8～35.6)	93.26 (62.5～195.4)
甲奈威	$Y=4.311+0.880X$	6.07 (0.4～16.7)	173.43 (55.8～6945.8)
甲维盐	$Y=3.825+1.658X$	5.11 (2.2～8.7)	30.28 (17.1～83.9)
阿维菌素	$Y=3.622+0.984X$	25.17 (10.2～49.8)	505.56 (198.0～3698.6)
吡虫啉	$Y=4.135+1.011X$	7.17 (2.0～14.8)	132.72 (58.5～715.0)
达净松	$Y=2.581+1.207X$	101.04 (39.1～197.5)	1164.30 (498.5～8473.8)

表 5-11　药剂对苜蓿盲蝽若虫室内毒力测定结果　（72 小时）

药　剂	毒力回归方程 Y=a+bX	LC_{50}(mg/L)(95%置信域)	LC_{90}(mg/L)(95%置信域)
阿维菌素	Y=4.392 + 0.922X	4.57 (1.7～10.3)	112.37 (33.5～4358.4)
达净松	Y=4.153 + 0.836X	10.32 (2.8～23.1)	352.46 (139.8～1997.2)
单甲脒	Y=3.142 + 1.044X	60.24 (12.3～120.9)	1017.10 (476.0～6673.1)
噻螨酮	Y=3.662 + 0.573X	216.71 (36.6～624.3)	37431.00 (4830.3～77452)
呋喃虫酰肼	Y=3.056 + 0.924X	127,16 (18.1～275.2)	3099.60 (1290.5～36431)
印楝素	Y=4.082 + 0.776X	15.23 (2.1～35.1)	683.94 (194.1～6670.9)
氟铃脲	Y=4.452 + 0.691X	6.22 (0.22～19.66)	443.67 (169.4～5250.2)
丁醚脲	Y=3.844 + 1.389X	6.80 (1.03～13.62)	56.86 (33.1～158.3)
噻嗪酮	Y=3.765 + 0.694X	60.16 (7.7～151.9)	4233.00 (1365.5～7898.4)

表 5-12　丁硫克百威与高效氯氰菊酯混用防治苜蓿盲蝽的效果

丁硫克百威：高效氯氰菊酯	毒力回归方程 Y=a+bX	LC_{50}(mg/L)(95%置信域)	共毒系数
1∶1	Y=3.515 + 1.257X	15.19 (8.35～24.07)	136.18
1∶2	Y=3.932 + 1.085X	9.64 (4.57～15.99)	173.43
1∶3	Y=3.965 + 1.043X	9.82 (4.56～16.54)	154.76
1∶4	Y=3.562 + 1.358X	11.46 (6.34～17.59)	125.93
2∶1	Y=3.080 + 1.346X	26.68 (15.12～42.75)	102.78
丁硫克百威	Y=3.137 + 0.995X	74.53 (36.57～260.94)	
高效氯氰菊酯	Y=3.516 + 1.375X	12.01 (5.85～20.87)	

2. 亚致死作用　亚致死剂量的农药对盲椿象成虫寿命及其后代存活、生长、发育有着一定影响。如甲氰菊酯、倍硫磷、丁硫克百威和硫丹亚致死剂量 LD_{20} 能对绿盲蝽当代及 F_1 代成虫的寿命产生不利影响，这四种杀虫剂亚致死剂量 LD_{20} 能显著降低当代及 F_1 代雌虫的产卵量，延长卵孵化期和若虫的发育历期，降低卵孵化率和若虫羽化率(表 5-13)。

亚致死剂量(LD_{20}、LD_{40})硫丹处理显著降低绿盲蝽成虫的产卵量、F_1 代卵的孵化率和若虫的存活率、F_1 代若虫的羽化率以及 F_2 代卵的孵化率(表 5-14)。

3. 田间防效　田间试验表明，甲维盐、啶虫脒、丁硫克百威、高效氯氰菊酯和溴氰菊酯对低龄若虫的防效达 95%以上，阿维菌素、吡虫啉和辛硫磷的控制效果达 85%左右。甲维盐、高效氯氰菊酯、溴氰菊酯，啶虫脒和丁硫克百威对高龄若虫的防效为 90%～95%，阿维菌素、吡虫啉和辛硫磷的防效约 80%(图 5-12)。

总体而言，棉田常用的有机磷和菊酯类农药对盲椿象有

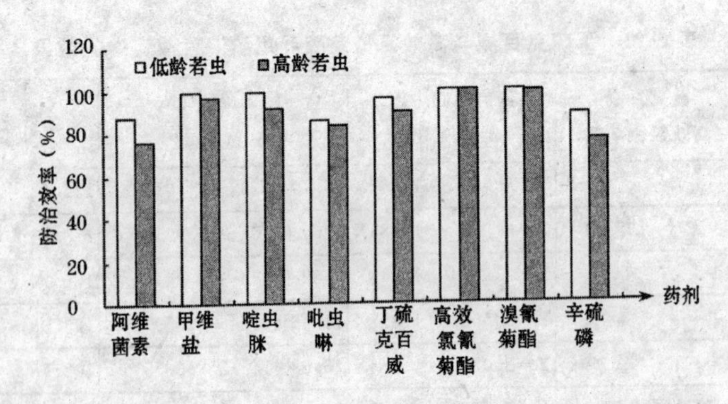

图 5-12 几种农药对苜蓿盲蝽的田间防治效果 （河北沧州，2007）

注：低龄若虫为一至三龄，高龄若虫为四至五龄

着较高的防治效果。但由于 Bt 棉田防治棉铃虫等鳞翅目害虫农药用量的减少，增大了盲椿象种群的发展空间，导致 Bt 棉田盲椿象种群数量剧增（图 5-13，图 5-14）。

4. 抗药性 美国于 1954 年首次发现盲椿象对有机氯农药 DDT 产生了抗性。1977 年，发现豆荚盲蝽对有机磷农药敌百虫和马拉硫磷产生了很高的抗性。1979 年，发现密西西比地区 5～6 月份美国牧草盲蝽对乐果的抗药性是其他地区的 4.8 倍。1988 年，密西西比三角洲地区的美国牧草盲蝽对乐果的抗性是其他地区的 2～3 倍。其后，密西西比地区的美国牧草盲蝽对马拉硫磷产生了抗性。20 世纪 90 年代初，密西西比地区和路易斯安那州东北部棉田中的美国牧草盲蝽，对氟氯菊酯和氯菊酯已产生了很高的抗性，防治效果明显下降。美国牧草盲蝽对菊酯类农药产生抗性的同时，也对一些有机磷农药和氨基甲酸酯类农药产生了交互抗性。目前，菊酯类农药在密西西比州等地不再作为棉田美国牧草盲蝽防治的推荐农药。1995 年，美国牧草盲蝽因对有机磷农药中的乙

表 5-13　几种农药对绿盲蝽的亚致死效应

处　理	产卵量		卵孵化期（天）	若虫发育历期（天）	当代卵孵化率（%）	羽化率（%）
	当代雌虫	F_1 代雌虫				
CK	133.12 ± 10.66a	142.50 ± 23.43a	7.91 ± 0.12a	13.11 ± 0.11a	84.11 ± 3.90a	97.23 ± 0.66a
甲氰菊脂	76.36 ± 7.43b	62.14 ± 11.72b	8.19 ± 0.10ab	14.50 ± 0.18b	64.10 ± 5.70bc	89.66 ± 0.60b
硫　丹	56.71 ± 8.13b	61.56 ± 7.97b	8.40 ± 0.08b	14.54 ± 0.25b	61.90 ± 7.20c	90.75 ± 0.[illegible]4a
丁硫克百威	47.90 ± 8.01b	46.31 ± 5.37b	8.75 ± 0.11c	14.28 ± 0.15b	79.90 ± 6.90ab	79.04 ± 0.84c
倍硫磷	38.33 ± 4.09b	38.73 ± 3.65b	9.36 ± 0.09d	14.43 ± 0.29b	65.60 ± 4.70bc	69.36 ± 1.46d

表 5-14　硫丹对绿盲蝽的亚致死效应

处　理	当　代		F_1　代		F_2　代
	单雌产卵量	卵孵化率(%)	若虫死亡率(%)	若虫羽化率(%)	卵孵化率(%)
LD_0♂×LD_0♀ (CK)	133.12 ± 10.67 a	87.42 ± 3.36 a	12.50 ± 1.32 d	95.82 ± 2.28 a	87.42 ± 3.35 a
LD_0♂×LD_{20}♀	53.09 ± 6.62 b	81.64 ± 2.27 b	34.17 ± 1.56 b	86.66 ± 2.76 bc	81.64 ± 2.27 b
LD_{20}♂×LD_0♀	49.61 ± 7.80 b	81.79 ± 2.76 b	33.33 ± 4.75 b	85.20 ± 1.63 bc	81.79 ± 2.76 b
LD_{20}♂×LD_{20}♀	44.88 ± 3.98 bc	79.13 ± 1.73 b	45.83 ± 4.37 a	91.66 ± 1.31 b	79.13 ± 1.73 b
LD_0♂×LD_{40}♀	44.41 ± 4.54 bc	80.98 ± 1.68 b	22.49 ± 1.02 cd	90.00 ± 1.02 bc	80.98 ± 1.68 b
LD_{40}♂×LD_0♀	28.86 ± 3.31 c	74.39 ± 3.78 b	29.17 ± 2.63 bc	89.17 ± 1.02 bc	74.39 ± 3.78 b
LD_{40}♀×LD_{40}♂	56.71 ± 5.64 b	79.47 ± 3.67 b	30.00 ± 4.82 bc	84.17 ± 1.56 c	79.47 ± 3.67 b

注：(1)表中 LD_{20}♂、♀分别表示用 LD_{20} 剂量硫丹处理的雄、雌性绿盲蝽成虫个体；LD_{40}♂、♀表示用 LD_{40} 剂量处理的绿盲蝽成虫个体；LD_0♂、♀表示没用硫丹处理的雄、雌性绿盲蝽成虫个体。(2)绿盲蝽成虫处理以后，进行配对、饲养，连续观察至 F_2 代卵的孵化情况。(3)F_1 代若虫羽化率为五龄初若虫个体成功羽化进入成虫阶段的比率

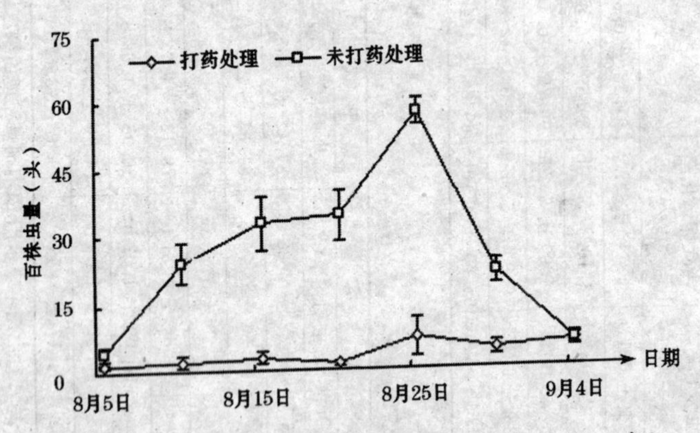

图 5-13　河北廊坊棉田盲椿象的种群消长动态　（1999 年）

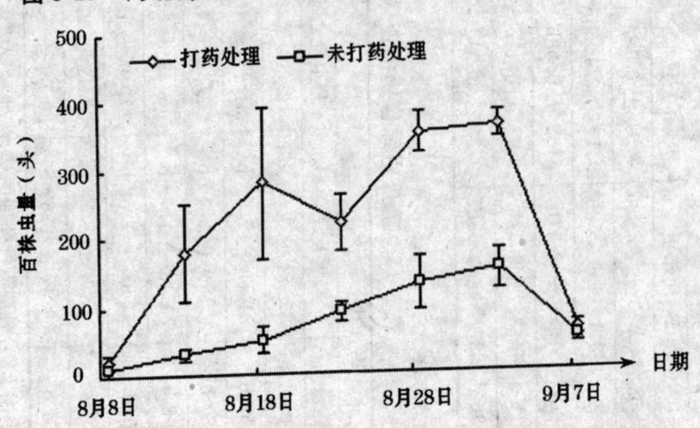

图 5-14　河北廊坊棉田盲椿象的种群消长动态　（2000 年）

酰甲胺磷、保棉磷、百治磷、甲基对硫磷和氨基甲酸酯类农药中的杀线威和克百威产生抗性而导致防治失败。最近报道，密西西比棉区美国牧草盲蝽对马拉硫磷的抗性倍数高达 31 倍。

在我国，江苏通州地区于 2004 年发现 5％氰 · 辛乳油灵

75 毫升/667 平方米，药后 3 天的防效仅有 21.34%～46.71%，比 1995～1996 年的防效下降了 50.29%～75.27%，30%乙酰甲胺磷乳油 100 毫升处理的防效也呈同样下降趋势，因此推测绿盲蝽已对有机磷类农药产生了抗药性。2006 年的毒力测定表明，山东夏津、河北沧州和廊坊三个绿盲蝽种群抗性倍数依次为 2.04～3.84 倍，属低水平抗性(表 5-15)。总体上，盲椿象的抗性水平较低，但随着防治盲椿象用药水平的增加，抗性风险明显加大。在现阶段开展预防性治理的工作是十分必要的。

表 5-15　不同地区绿盲蝽对辛硫磷抗药性的比较

种　群	毒力回归曲线 (y=a+bx)	LD_{50}(mg/L) (95%置信区间)	LD_{90}(mg/L) (95%置信区间)	相对抗性
对照	y=4.846 + 2.688x	1.14 (0.92～1.42)	3.42 (2.54～5.40)	1.00
山东夏津	y=4.190 + 2.212x	2.32 (1.73～3.12)	8.82 (5.86～18.02)	2.04
河北廊坊	y=6.172 + 3.805x	2.38 (1.88～3.08)	9.06 (6.30～15.80)	2.05
河北沧州	y=3.569 + 2.233x	4.38 (3.27～6.44)	9.96 (6.09～42.97)	3.84

盲椿象的抗药性机制主要有两个方面：一是增强解毒作用，二是靶标敏感性下降。

(1)增强解毒作用　盲椿象的抗药性常与其体内酯酶、谷胱甘肽转移酶(P450)酶解毒作用的增强有着直接的关系。豆荚盲蝽对敌百虫的抗性与羧酸酯酶活性的增强有关，抗性种群羧酸酯酶的活性是敏感种群的 4.2～4.6 倍。美国牧草盲蝽对马拉硫磷产生抗药性也可能与酯酶解毒代谢的增强有关，因为棉田在使用马拉硫磷后，美国牧草盲蝽的抗药性水平与酯酶活性都出现了增长。应用 RT-PCR 技术对酯酶基因的表达水平进行了检测，发现抗性种群酯酶 mRNA 丰度比敏感种群高 5.1 倍，证明了美国牧草盲蝽对马拉硫磷产生抗性与酯酶活性的升高有直接关系。美国牧草盲蝽对马拉硫磷抗性还可能与谷胱甘肽转移酶(GST)的活性有关。试验表明，在使用马拉硫磷后，棉田中美国牧草盲蝽的谷胱甘肽转移酶活性增强，其对马拉硫磷敏感性降低，而且谷胱甘肽转移酶的抑制剂能有效增强马拉硫磷对抗性种群的毒性。

美国牧草盲蝽对菊酯类农药的抗性与细胞色素 P450s 直接相关。对菊酯类农药抗性种群和敏感种群的美国牧草盲蝽的细胞色素 P450(CYP6X1)cDNAs 和 mRNA 的测序结果表明，细胞色素 P450 的基因突变只发生在抗性种群中。

(2)靶标敏感性的下降　有机磷的杀虫机制主要是抑制昆虫体内的乙酰胆碱酯酶 AChE，盲椿象对有机磷农药产生抗性同样是因为乙酰胆碱酯酶活性的降低。

第六章 盲椿象的预测预报技术

我国对棉花盲椿象预测预报技术的研究始于 20 世纪 50 年代。本章介绍棉花盲椿象的预测预报方法。不同地区盲椿象的种类组成、预报因子等方面存在较大的差异，预测预报技术工作需要结合当地的农业种植模式和环境条件综合考虑。

一、调查内容与方法

（一）长江、黄河流域棉区

1. 调查一代虫量和发育进度 当春季日平均温度上升并稳定在 10℃～11℃时，越冬卵开始孵化，此时起开展田间调查。选择当地盲椿象一代主要寄主，重茬棉田的前茬作物和棉田附近的沟边杂草，共 3～5 块。从 4 月上旬起，每 5 天调查 1 次，查至一代成虫的发生高峰。大田作物随机采用粘虫兜、塑料薄膜等捕查，每块田不少于 5 平方米。调查杂草、牧草时用方瓷盘，调查面积不少于 2 平方米。每次将查获的害虫分龄记载，统计每公顷虫量和各龄虫比率，为确定防治时间和防治对象田提供依据（表 6-1）。

表 6-1　一代虫量和发育进度调查记录表

单位：＿＿＿＿＿　地点：＿＿＿＿＿　年度：＿＿＿＿＿　调查人：＿＿＿＿＿

调查日期（月/日）	平均虫口密度（头）						占总虫量百分率（%）																	
	合计虫量			折公顷虫量			绿盲蝽						中黑盲蝽						其他					
							若虫					成虫	若虫					成虫	若虫					成虫
	绿盲蝽	中黑盲蝽	其他	绿盲蝽	中黑盲蝽	其他	一龄	二龄	三龄	四龄	五龄		一龄	二龄	三龄	四龄	五龄		一龄	二龄	三龄	四龄	五龄	

表 6-2　二代盲蝽蟓卵量调查记录表

单位：＿＿＿＿＿　地点：＿＿＿＿＿　年度：＿＿＿＿＿　调查人：＿＿＿＿＿

调查日期（月/日）	寄主种类	取样株（枝、盘）数	卵量（粒）						有卵株（枝、盘）数	百株（枝、盘）卵量（粒）		
			卵			卵壳				绿盲蝽	中黑盲蝽	其他
			绿盲蝽	中黑盲蝽	其他	绿盲蝽	中黑盲蝽	其他				

2. 调查二代卵量、虫量和发育进度

(1)二代卵量调查　选择当地主要寄主植物1～2种，如紫花苜蓿、胡萝卜、苕子、蒿类或棉花苗床留苗，自一代盲椿象成虫开始交配、产卵(一般在5月上中旬)起定点(1～2处)系统调查二代盲椿象卵量。紫花苜蓿、苕子等调查50～100个嫩头，胡萝卜查25～50个花盘(定点标记时要注意花盘老嫩的搭配)，棉苗查20～25株，其他作物可参照相似的植物进行调查。每3天调查1次，一个月后(6月上旬左右)结束卵量调查，确定二代卵高峰日(表6-2)。

(2)二代虫量与发育进度调查　一般在6月上中旬，对观察区内的主要寄主植物(包括作物、果树、杂草、牧草等)进行全面调查，用瓷盘或粘虫网拍打，每隔5天调查1次，调查5～6次，记载发生虫量和若虫发育进度，换算成该寄主单位面积虫量，再根据寄主面积计算观察区内总虫量，进而得出单位面积棉田承受虫量(表6-3，表6-4)。

3. 调查棉田虫量和发育进度

(1)二至四代棉田虫量调查　选择不同茬口有代表性的棉田2～3块，调查棉田二至四代盲椿象的发生情况。从6月10日开始，至9月底结束，5天调查1次。采用五点取样法，每点查10株，共计50株。检查棉株嫩头、花蕾、幼铃上的成虫和若虫数。统计百株虫数及各龄若虫所占的百分比(表6-5)。

(2)二至四代棉田虫量普查　在各代主要优势种盲椿象二、三龄若虫始盛期、高峰期及盛末期各进行一次大田普查，每次普查的田块数不少于10块，每块查25株棉花，记载百株虫量及各龄虫所占的百分比。同时，盛蕾期前每次调查记载棉花新被害株率，盛蕾期后记载蕾和幼铃受害率(表6-6，表6-7)。

表 6-3　二代棉田外盲蝽蟓虫量调查记录表

单位：__________ 地点：__________ 年度：__________ 调查人：__________

调查日期（月/日）		寄主种类	代表面积	取样单位	样本数	查获虫数	绿盲蝽						中黑盲蝽						其他					
							若虫					成虫	若虫					成虫	若虫					成虫
							一龄	二龄	三龄	四龄	五龄		一龄	二龄	三龄	四龄	五龄		一龄	二龄	三龄	四龄	五龄	

表 6-4　观察区各种主要寄主植物面积调查记录表

单位：__________地点：__________年度：__________调查人：__________

调查时间	作物名称	面积(公顷)	占植物总面积比例(%)

(二)西北内陆棉区

西北内陆棉区测报主要对象为牧草盲蝽，其调查取样方法如下：

1. 越冬成虫活动和产卵情况调查　3 月中旬越冬成虫开始出蛰活动，此时即可在各种杂草、树皮缝隙、枯枝落叶层下及土缝等处作一般检查，同时选择苜蓿、冬麦、菠菜及十字花科蔬菜地各 3～5 块进行调查，采用黏虫兜、塑料薄膜等方式，每 5 天调查一次，每块田不少于 5 平方米。同时，检查 10 头雌虫腹内成熟卵数量(表 6-8)。调查直至 6 月底结束，为确定各作物田防治时间及迁入棉田时间提供依据。

2. 棉田虫量与发育进度调查　6 月初成虫开始大规模迁入棉田。从 6 月中旬开始，选择三种类型的棉田各一块，每 5 天调查棉田虫口及蕾铃被害情况一次，至 7 月底结束。采用五点取样法，每点查 10 株，共计 50 株。检查棉株嫩头、花蕾、幼铃上的成、若虫数(表 6-9)。统计百株虫数及各龄若虫所占的百分比。盛蕾期前每次调查记载棉花新被害株率，盛蕾期后记载蕾和幼铃受害率(参见表 6-6)。

3. 秋季杂草上虫量调查　从 7 月开始在地肤、灰藜、蒿子等秋季密度较大的植物上进行网捕，并检查成虫腹中的卵数，明确秋季防治对象及时间(表 6-10)。

表 6-5　二至四代棉田内盲蝽蟓虫量和发育进度调查记录表

单位：____________ 地点：____________ 年度：____________ 调查人：____________

调查日期（月/日）	平均虫口密度（头）									占总虫量百分率（%）																	
	合计虫量			百株虫量			亩虫量			绿盲蝽						中黑盲蝽						其他					
										若虫					成虫	若虫					成虫	若虫					成虫
	绿盲蝽	中黑盲蝽	其他	绿盲蝽	中黑盲蝽	其他	绿盲蝽	中黑盲蝽	其他	一龄	二龄	三龄	四龄	五龄		一龄	二龄	三龄	四龄	五龄		一龄	二龄	三龄	四龄	五龄	

表 6-6　棉花嫩头受害情况调查记录表

单位：＿＿＿＿　地点：＿＿＿＿　年度：＿＿＿＿　调查人：＿＿＿＿

调查日期（月/日）	地块	一类					二类					三类					加权平均	
		调查株数	被害株数	被害株数率%	新被害株数	新被害株数率%	调查株数	被害株数	被害株数率%	新被害株数	新被害株数率%	调查株数	被害株数	被害株数率%	新被害株数	新被害株数率%	被害株数率%	新被害株数率%
各类型田所占比率(%)																		
总面积(公顷)																		

表 6-7　棉花蕾和小铃受害情况调查记录表

单位：________ 地点：________ 年度：________ 调查人：________

调查日期（月/日）	代别	田块 1				田块 2				田块 3				平均	
		受害蕾数	受害小铃数	蕾害率（%）	小铃被害率（%）	受害蕾数	受害小铃数	蕾害率（%）	小铃被害率（%）	受害蕾数	受害小铃数	蕾害率（%）	小铃被害率（%）	蕾害率（%）	小铃被害率（%）
	二代														
	三代														
	四代														

表 6-8　牧草盲蝽越冬代成虫虫量及卵发育进度调查

单位:＿＿＿＿＿地点:＿＿＿＿＿年度:＿＿＿＿＿调查人:＿＿＿＿＿

<table>
<tr><th rowspan="3">调查日期
(月/日)</th><th rowspan="3">植物种类</th><th colspan="6">平均虫口密度(头)</th><th rowspan="3">有卵虫率(%)</th></tr>
<tr><th colspan="3">合计虫量</th><th colspan="3">折公顷虫量</th></tr>
<tr><th>雌性</th><th>雄性</th><th>总数</th><th>雌性</th><th>雄性</th><th>总数</th></tr>
<tr><td></td><td></td><td></td><td></td><td></td><td></td><td></td><td></td><td></td></tr>
<tr><td></td><td></td><td></td><td></td><td></td><td></td><td></td><td></td><td></td></tr>
<tr><td></td><td></td><td></td><td></td><td></td><td></td><td></td><td></td><td></td></tr>
</table>

表 6-9　棉田内牧草盲蝽虫量和发育进度调查记录表

单位:＿＿＿＿＿地点:＿＿＿＿＿年度:＿＿＿＿＿调查人:＿＿＿＿＿

<table>
<tr><th rowspan="3">调查日期
(月/日)</th><th colspan="3">平均虫口密度(头)</th><th colspan="6">占总虫量百分率(%)</th></tr>
<tr><th rowspan="2">合计虫量</th><th rowspan="2">百株虫量</th><th rowspan="2">每公顷
虫量</th><th colspan="5">若虫</th><th rowspan="2">成虫</th></tr>
<tr><th>一龄</th><th>二龄</th><th>三龄</th><th>四龄</th><th>五龄</th></tr>
<tr><td></td><td></td><td></td><td></td><td></td><td></td><td></td><td></td><td></td><td></td></tr>
<tr><td></td><td></td><td></td><td></td><td></td><td></td><td></td><td></td><td></td><td></td></tr>
<tr><td></td><td></td><td></td><td></td><td></td><td></td><td></td><td></td><td></td><td></td></tr>
</table>

表 6-10　牧草盲蝽越冬代成虫虫量及卵发育进度调查

单位:＿＿＿＿＿地点:＿＿＿＿＿年度:＿＿＿＿＿调查人:＿＿＿＿＿

<table>
<tr><th rowspan="3">调查日期
(月/日)</th><th rowspan="3">植物种类</th><th colspan="7">平均虫口密度(头)</th><th rowspan="3">有卵虫
率(%)</th></tr>
<tr><th colspan="6">合计虫量</th><th>折公顷虫量</th></tr>
<tr><th>一龄</th><th>二龄</th><th>三龄</th><th>四龄</th><th>五龄</th><th>成虫</th><th>总数</th></tr>
<tr><td></td><td></td><td></td><td></td><td></td><td></td><td></td><td></td><td></td><td></td></tr>
<tr><td></td><td></td><td></td><td></td><td></td><td></td><td></td><td></td><td></td><td></td></tr>
<tr><td></td><td></td><td></td><td></td><td></td><td></td><td></td><td></td><td></td><td></td></tr>
</table>

二、发生期预测

发生期预测就是根据害虫的发生情况,结合其生长、发育、栖息环境条件和气象等多方面因素,参考历史资料,估计下一世代或虫态的发生时期。对害虫进行发生期预测时,必须掌握害虫发育进度及其历期或期距资料。准确获得害虫发育进度的惟一方法就是田间虫情调查，但工作量较大。害虫发育历期或期距资料因时、因地、因寄主植物种类而有差异，因此在预测时除参考文献上的数据外，更重要的是必须结合实际情况积累资料，从而确定当地害虫的发育历期或期距。盲椿象发生期的预测方法主要有发育历期法和期距预测法。

(一)发育历期法

通过对田间不同世代、不同虫龄的盲椿象发生量的系统调查，来确定其发育进度，如羽化率、孵化率及各龄若虫之间比例等，并确定其发生百分率达始盛期(16%)、高峰期(50%)和盛末期(84%)的时间，在此基础上分别加上当时当地气温下各虫态的平均历期，推算出以后一个或几个虫态、虫龄的相应发生日期。

如：根据上一代四龄以上若虫占 50%左右的日期，预测下一代二、三龄若虫高峰期，其预测式为：

二、三龄若虫高峰期＝四龄若虫高峰期＋四龄历期之半＋五龄历期＋成虫产卵前期＋卵期＋一、二龄若虫历期

例：江苏省大丰市植保站 2006 年 6 月 23 日在调查三代中黑盲蝽时发现，二龄占 10.00%，三龄占 22.50%，四龄占 15.00%，五龄占 47.50%，成虫占 5.00%。根据上述调查数据可以发现，6 月 23 日五龄以上个体占 50%左右，结合当地各世代中黑盲蝽的发育历期记录，预测当代中黑盲蝽成虫高峰为 6 月 23 日加上五龄若虫历期的一半(1.87 天)，即为 6 月 25 日。在此基础上加产卵前期(10.67 天)，加上卵历期(8.67 天)，再加上一、二龄若虫期(5.58 天)，下一代二、三龄高峰期出现在 7 月 20 日左右。预测结果与实际情况基本一

致。这种方法主要用于短期测报，准确率较高，是目前我国群众性测报的一种常用方法。值得注意的是，在预测中只能以上一个始盛期预测下一个始盛期，以上一个高峰期或盛末期预测下一个高峰期或盛末期，不可进行以始盛期预测高峰期或盛末期、以高峰期预测始盛期或盛末期。另外，利用这种方法时，每次调查的虫量尽可能多些（不少于 30 头），还需要定期多次调查。而且，调查时间在前一代的四、五龄高峰期为宜。

害虫的发育历期一般是在累积多年资料的基础上进行统计整理而得出的，因此各地需结合当地实际情况累积资料，来确定当地害虫的发育历期。长期以来，盲椿象在很多地方不属于测报对象，历年的发生资料比较匮乏。在这种情况下，可以参照与当地气候相似地区或者室内恒温条件下盲椿象的发育历期进行测报，但在这种情况下应加强田间盲椿象发生情况的监测调查，以提高盲椿象发生期预测的准确性。表 6-11，表 6-12，表 6-13，表 6-14 对恒温条件及部分地区绿盲蝽与中黑盲蝽的发育历期做了整理，以供大家参照使用。

表 6-11　绿盲蝽在不同温度下卵和若虫的发育历期

温度（℃）	发育历期（天）						
	卵	一龄若虫	二龄若虫	三龄若虫	四龄若虫	五龄若虫	整个若虫期
20	11.5 ± 0.76	4.2	4.0	4.1	4.7	3.4	20.4 ± 1.81
30	6.6 ± 0.58	2.9	2.2	2.5	2.2	2.3	12.1 ± 1.23
35	6.4 ± 0.42	2.2	2.1	2.4	2.3	2.1	11.1 ± 1.53

注：用于历期预测法

表 6-12　绿盲蝽各代卵和若虫的发育历期

观察地点	代别	卵历期（天）	日均温（℃）	若虫历期（天）						观察场所	产卵前期（天）
				一龄	二龄	三龄	四龄	五龄	全若虫期		
江苏大丰	一			2.01	4.78	8.70	5.60	7.70	28.79	室内	10.11
	二	5.90	24.9	3.90	2.47	2.47	3.00	4.16	16.00		16.66
	三	5.68	30.7	3.00	2.90	2.64	3.30	3.57	15.41		12.45
	四			2.95	3.00	3.44	1.90	3.25	13.49		
	五			3.00	1.88	2.44	2.75	4.70	14.77		
江苏东台	二	10.33	23.6	2.60	1.99	1.54	2.32	4.20	12.65	室内	
	三	6.82	26.2	1.88	1.81	1.54	1.79	2.83	9.93		
	四	5.84	28.7	2.25	1.20	1.37	1.75	2.67	9.19		
	五	9.35		4.00	2.17	3.00	3.83	5.42	18.40		
江苏通州	一			5.50	6.45	5.30	4.82	4.45	26.42	室内	
	二	7.96		3.37	2.57	2.44	2.27	2.05	12.70		
	三	12.23		3.95	2.70	2.75	2.20	2.15	13.75		
	四	12.17		3.25	2.39	2.08	1.92	2.17	11.81		
	五	8.60									

注：用于历期预测法

表 6-13　中黑盲蝽在不同温度下卵和若虫的发育历期

温度（℃）	发育历期（天）						
	卵	一龄若虫	二龄若虫	三龄若虫	四龄若虫	五龄若虫	整个若虫期
20	15.5 ± 1.11	6.3	5.7	6.2	5.8	5.5	29.5 ± 2.58
25	10.7 ± 0.81	2.8	4.1	4.2	4.7	4.1	15.9 ± 2.19
30	8.4 ± 0.72	2.4	3.5	3.5	3.2	3.0	15.7 ± 2.11
35	7.7 ± 0.78	2.3	3.0	2.5	2.6	3.0	14.4 ± 1.02

注：用于历期预测法

（二）期距预测法

期距预测法是根据当地累计多年的历史资料，总结出当地某种害虫两个世代之间或同一世代各虫态之间间隔期的经验值，即期距，再将田间害虫发育进度调查结果，加上一个虫期或世代期距，推算出下一个虫态或下一个世代发生期。

如：根据二代二、三龄若虫高峰期的日期，预测三代二、三龄若虫高峰期，其预测式为：

三代二、三龄若虫高峰期＝二代二、三龄若虫历期＋二、三代期距±标准差

例：江苏通州市植保站通过对历年资料的整理，求得各代二、三龄若虫高峰期期距、标准误差等（表 6-15）。以历年各代发生期的平均天数±标准误差为常年发生期的标准，对三、四代期距进行历史资料的验证和实用检验，发现预报 18 项次中，符合 16 项次，预报准确率为 88.89%（表 6-16）。

表 6-14　中黑盲蝽各代卵和若虫的发育历期

观察地点	代别	卵历期（天）	日均温（℃）	若虫历期（天）						日均温（℃）	产卵前期（天）
				一龄	二龄	三龄	四龄	五龄	全若虫期		
江苏东台	一			5.70	5.30	5.09	5.68	7.27	29.04	20.46	10.53
	二	11.84	22.90	3.54	3.03	3.10	3.73	4.88	18.28	24.64	10.36
	三	8.36	27.70	2.34	3.32	2.50	2.76	3.73	28.80	28.80	10.67
	四	8.67	27.60	3.01	2.57	2.83	3.23	4.55	16.19	25.98	
江苏如皋	一			4.40	3.50	4.40	4.90	7.20	24.40		
	二	14.80	23.04	3.10	2.80	3.00	3.70	6.60	19.10	24.70	
	三	11.74	25.21	3.00	2.60	2.70	2.40	3.50	14.10	28.90	
	四	8.77	25.22	2.80	2.30	2.10	2.40	3.50	13.10	28.30	

注:用于历期预测法

表 6-15　中黑盲蝽各代二、三龄若虫高峰期期距　(张洪进等,1996)

期距代别	统计年限	平均天数	标准差	变异系数
二、三代	1985～1992	30.50	1.93	6.32
三、四代	1985～1992	30.75	1.49	4.85

表 6-16　历年各代中黑盲蝽二、三龄若虫高峰期预测回报检验结果

(张洪进等,1996)

年代	一代	三代			四代		
	实测值(日/月)	预测值(日/月)	实测值(日/月)	符合情况	预测值(日/月)	实测值(日/月)	符合情况
1985	19/6	18/7～21/7	21/7～22/7	符合	19/8～22/8	19/8	符合
1986	24/6	23/7～26/7	26/7	符合	24/8～27/8	24/8	符合
1987	26/6	25/7～28/7	28/7	符合	26/8～29/8	29/8	符合
1988	24/6	23/7～26/7	25/7	符合	23/8～26/8	25/8	符合
1989	21/6	20/7～23/7	23/7	符合	21/8～24/8	24/8	符合
1990	20/6	19/7～22/7	19/7	符合	17/8～20/8	18/8	符合
1991	25/6	24/7～27/7	28/7	不符合	26/8～29/8	30/8	不符合
1992	19/6	18/7～21/7	18/7	符合	16/8～19/8	17/8	符合
预测 1993	24/6	23/7～26/7	23/7	符合	21/8～24/8	23/8	符合

多年的虫情资料可以统计出害虫各发生期间的平均期距、标准差、变异系数和置信区间。标准差或变异系数小而集中的,表示这个期距的年度间变化较小,用作期距预测依据时较稳定可靠。期距预测法虽然应用广泛,但此方法的地区性较强。一个地方的期距未必能适用于另一个地方,而且气候

及作物生长异常的年份，或耕作制度改革、作物品种更换和农药施药等变化，都可能导致发生期和发生期距的变动，使预测结果与实际结果之间出现明显偏差。遇到上述问题，就需要辅以其他中、短期预测法进行校正，并注意研究引起较大偏差的原因。表 6-17 和表 6-18 对部分地区绿盲蝽与中黑盲蝽的发育期距做了整理，以供大家参照使用。

表 6-17 绿盲蝽二至三龄盛期代间期距

观察地点	期距(天)		
	一代至二代	二代至三代	三代至四代
江苏通州	48.4(42～53)	30.1(27～34)	29.3(27～31)
江苏如东	44.3(40～46)	32.3(30～34)	
江苏张家港	44.7(39～50)	34.3(31～37)	31.7(29～34)

注：用于期距预测法

表 6-18 中黑盲蝽二至三龄盛期代间期距

观察地点	期距(天)		
	一代至二代	二代至三代	三代至四代
江苏通州	50	30	32
江苏东台	50 天左右	30 天左右	30 天左右
江苏如皋	50	33	31

注：用于期距预测法

三、发生量的预测

害虫发生量预测也是害虫预测的重要内容之一，它是依照当时害虫的发生动态和环境条件，参照历史资料，预计未来的发生数量。盲椿象的发生量预测方法有如下几种。

(一)有效虫口基数预测法

有效虫口基数预测法是根据当时害虫在田间调查出的正常生长发育的数量(即基数),以及多年研究总结出来的该种害虫的繁殖系数(即增殖率),预测该种害虫下一个世代的发生数量。这种预测方法十分简单,其关键在于获得可靠的增殖率,这需要经过多年或多点的调查统计。

如:通过盲椿象越冬卵量的调查,与历史资料对比,做出一代盲椿象发生趋势的测报;通过对当代盲椿象发生数量,结合历史资料来预测下一代发生程度等。

例如:江苏省国营新曹农场植物保护站研究发现,当地棉田 6、7、8 月份上一代中黑盲蝽残留量(x)与下一代发生量(y)之间呈极显著正相关(表 6-19)。资料同时表明,凡上一代每 667 平方米残留虫量在 100 头以上者,下一代就有大发生的可能。

(二)其他预测法

除了有效虫口基数预测法以外,各地还可以根据实际情况,结合使用本地盲椿象历史发生资料、气象资料以及天敌资料等,发展应用相应的预测方法,做出发生程度的预测。

如:对以气候为数量变动主导因素的害虫,可以通过绘制气象图或应用温湿度系数、气候积分指数来估计害虫未来数量的消长趋势;分析多年的天敌及害虫数量变动的资料,得出天敌指数用于发生量测报;综合利用气候因素及虫口密度等计算综合猖獗指数,从而进行发生量的预测。

例如:1964 年丁岩钦通过对关中地区棉花蕾期盲椿象的发生规律,提出了相应的猖獗预测指数:$E = P_4/10\,000 + R_6/S_6$。

表 6-19　中黑盲蝽上一代残留量与下一代发生量之间的关系　（刘汉民，1991）

年　份	一代残留量(x)（头/667 米^2）	二代发生量(x)（头/667 米^2）	二代为害程度(y)	二代残留量(x)（头/667 米^2）	三代发生量(x)（头/667 米^2）	三代为害程度(y)	三代残留量(x)（头/667 米^2）	四代发生量(x)（头/667 米^2）	四代为害程度(y)
1981	8	20	Ⅰ	8	20	Ⅰ	20	63	Ⅰ
1982	16	172	Ⅰ	36	408	Ⅰ	108	1448	Ⅱ
1983	32	464	Ⅰ	76	1232	Ⅱ	304	3616	Ⅲ
1984	66	743	Ⅱ	112	1576	Ⅱ	636	5043	Ⅳ
1985	84	620	Ⅱ	136	2232	Ⅲ	672	7000	Ⅳ
1986	48	620	Ⅱ	172	2040	Ⅲ	533	5500	Ⅳ
函数关系式及相关显著性	$y=0.815+0.017x$ $r=0.861$ $(p<0.05)$			$y=0.760+0.014x$ $r=0.954$ $(p<0.01)$			$y=1.327+0.004x$ $r=0.967$ $(p<0.01)$		

注：(1)为害程度的虫量指标：Ⅰ级轻发生，(667 平方米)虫量 500 头以下；Ⅱ级中发生，(667 平方米)虫量 500～2 000 头；Ⅲ级大发生，(667 平方米)虫量 2 000～5 000 头；Ⅳ级重发生，(667 平方米)虫量 5 000 头以上。(2)划级标准：Ⅰ级：$y<1.5$；Ⅱ级：$1.5<y<2.5$；Ⅲ级：$2.5<y<3.5$；Ⅳ级：$y>3.5$

其中，P_4 代表4月中旬苜蓿田虫口基数（每667平方米虫量），R_6 代表6月份降水量（毫米），S_6 代表6月份日照时数（小时）。

当 $E>3$，为盲椿象严重发生年；$1<E<3$ 为中常发生年；$E<1$ 为轻发生年。

这一预测式和8年内田间实际发生情况进行了检验发现，除了1957年外，其他年份均基本一致（表6-20）。而1957年棉田盲椿象虫口发生程度较轻主要是因当地耕作制度的调整所致。

四、为害损失的预测

防治害虫首先要掌握害虫对作物的为害程度和引起的产量损失，以便制订合理的防治指标，进行适时防治，以最小的投资获得最大的经济收益。盲椿象对作物的产量损失率常以其种群数量或作物受害程度和产量损失的关系进行估计。

（一）种群数量与产量损失的关系

一般采用人工接虫法研究盲椿象种群数量与产量损失的关系，分时段（不同棉花生育期或盲椿象发生世代）选取一定数量的棉花植株，用罩笼上，然后接入不同密度的盲椿象，以不接虫为对照，最后测定各处棉花的产量，分析不同时段盲椿象虫量与产量损失之间的关系。江苏省农科院植保所张永孝等人对棉花真叶期、蕾期和花铃期的绿盲蝽和中黑盲蝽虫口密度与棉花产量增减率之间的关系做了研究，结果如下。

表 6-20 盲蝽蟓猖獗公式与 8 年田间资料检验 （丁岩钦，1964）

年份	早春虫口密度（头/667 平方米）	6 月份降水量（毫米）	6 月份日照（时数）	猖獗指数	发生情况	7 月上旬田间实际发生情况	
						每百株虫量（头）	每 667 平方米虫量（头）
1954	6000	46.1	216.3	1.03	中常年	32.5	1300
1955	14000	37.9	251.4	1.75	中常年	25.8	1010
1956	186000	183.8	165.3	4.08	严重年	75.0	3000
1957	6780	85.8	249.9	1.36	中常年	11.0	440
1958	726	73.2	182.8	0.87	轻度年	2.9	119
1959	8160	4.2	192.8	0.86	轻度年	4.4	176
1960	20.4	6.0	191.6	0.06	轻度年	1.2	48
1961	251	88.6	171.0	1.06	中常年	18.6	560

注：盲蝽蟓为害程度的数量指数，每 667 平方米 500 头以下为发生轻度年，500～2 200 头为发生中常年，2 200 头以上为发生严重年

真叶期绿盲蝽：$y=10.53-5.31\ln x-1.05(\ln x)^2\pm3.18$；

蕾期绿盲蝽：$y=2.28+2.86\ln x-1.52(\ln x)^2\pm2.30$；

蕾期中黑盲蝽：$y=18.56-8.51\ln x-0.26(\ln x)^2\pm2.21$；

花铃期中黑盲蝽：$y=15.99-6.15\ln x-0.11(\ln x)^2\pm1.51$；

式中：x为绿盲蝽或中黑盲蝽百株虫量(头)；y为籽棉产量增减率(%)。

江苏及条件相似的地方可依照上述关系式进行盲椿象的为害损失预测，主要预测方法如下。

1. 不防治情况的为害损失 以二、三龄若虫高峰期大田普查的平均百株虫量代入公式求得；

2. 防治后仍为害损失 以防治后四、五龄若虫高峰期大田普查的平均百株虫量代入公式求得；

3. 防治挽回损失 以防治前普查的百株虫量，减去防治后普查的百株虫量，再以差值代入公式求得；

4. 全年为害损失 等于各期为害损失之和；

5. 皮棉产量损失率 皮棉产量损失率＝籽棉产量损失率×衣分(%)。

(二)受害程度与产量损失的关系

受害程度与产量损失的关系研究，就是对整个植株或植物的一些重要器官的受害程度进行分级调查，再结合棉花测产结果，来分析两者之间的内在联系。

如：苗期无头苗按缺苗率乘以单株棉花产量损失率计算，多头苗按多头苗率乘以单株棉花产量损失率计算；也可建立棉花器官(叶片、蕾或铃)受害程度与棉花产量损失之间的关系,用于以后的棉花产量损失估计。

例如:1986年江苏沿海地区农科所将有1～10个刺点的铃定义为一级受害铃,多于10个刺点的为二级受害铃。随后对中黑盲蝽虫量(X_1)、一级受害铃(X_2)、二级受害铃(X_3)、受害蕾(X_4)、受害铃脱落(X_5)、受害蕾脱落(X_6)这6个数量因子之间与产量损失率(Y)的相关系数进行了计算,发现6个因子之间与产量损失之间的相关系数均达到1%显著水准,表明它们之间均存在着明显的相关关系。为确定中黑盲蝽铃期为害影响产量的关键因子,对X_2、X_3、X_4、X_5、X_6和y进行了通经分析。根据分析结果,删除了对产量损失影响较小的3个因子——受害蕾(X_4)、受害铃脱落(X_5)、受害蕾脱落(X_6),建立了产量损失(Y)与一级受害铃(X_2)、二级受害铃(X_3)之间的回归关系式:$y=-0.597+0.057X_2+11.566X_3$(回归显著性检验达极显著)。1987年,江苏建湖植保站对其进行了测报验证,发现不同管理水平及不同虫口密度的各类棉田,其吻合程度均在80%以上。

江苏、河南、山东等地的盲椿象发生程度分级标准如表6-21,表6-22。

表6-21 江苏省的绿盲蝽与中黑盲蝽发生程度和分级标准

盲椿象种类	级别	二代新害株率(%)	三代百株虫量(头)	四代百株虫量(头)
绿盲蝽	1	<3	<5	
	2	3～4	5～10	
	3	4.1～5	10.1～15	
	4	5.1～10	15.1～20	
	5	>10	>20	

续表 6-21

盲椿象种类	级别	二代新害株率(%)	三代百株虫量(头)	四代百株虫量(头)
中黑盲蝽	1		<5	<10
	2		5～10	10～20
	3		10.1～15	20.1～30
	4		15.1～20	30.1～40
	5		>20	>40

注:三、四代百株虫量均为二、三龄若虫高峰期百株虫量

表 6-22　河南和山东省棉田盲椿象发生程度和分级标准

级别	百株虫量(头)	
	河南	山东
1	≤5	<20
2	5.1～10	20.1～40
3	10.1～15	40.1～60
4	15.1～20	60.1～80
5	>20	>80

第七章 盲椿象的综合防治技术

长期以来，盲椿象一直是我国农作物生产上的次要害虫，后随转基因抗虫棉的种植而上升为棉田的主要害虫，并严重危及果树和其他作物。在我国大多数棉区，盲椿象成虫一般于6月上中旬从早春寄主迁入棉田，此为二代棉铃虫的防治期。防治棉铃虫施用的化学农药，间接杀死了刚侵入棉田的盲椿象成虫。此后，在三、四代棉铃虫的连续防治下，棉田盲椿象一直被控制在较低的水平。由于转基因Bt抗虫棉大面积种植而有效地控制了二代棉铃虫的为害，棉田化学农药使用量显著降低，这给棉田盲椿象的种群增长提供了空间，最终导致盲椿象的区域性种群剧增(图7-1)。因此，区域性盲椿

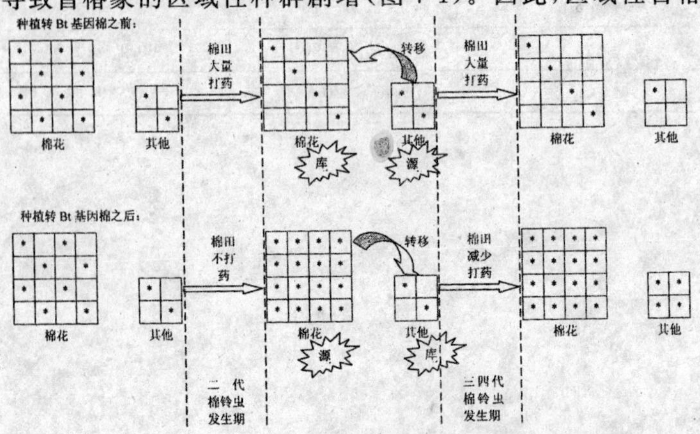

图7-1 棉田与其他寄主作物田之间盲椿象的“源—库”关系

注：图中方框的大小代表棉花与其他作物的相对面积大小；方框中小点的疏密代表盲椿象的相对密度大小

象种群动态和棉田的控制程度高度相关。理论上，盲椿象于6月上中旬从早春寄主迁入棉田，这是棉花盲椿象防治的关键时期，而棉田盲椿象防治是区域性、多作物系统减灾的核心工作(图7-2)。结合盲椿象的发生规律和生物学习性，本章提出了盲椿象的治理策略和技术体系。

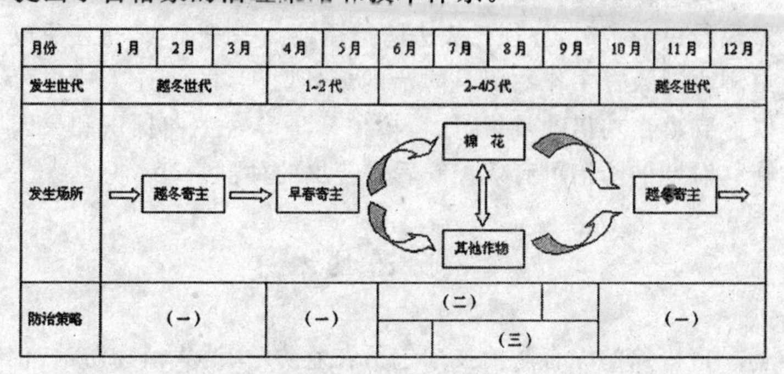

图7-2 盲椿象的世代发生情况及相应的防治策略

一、防治策略

(一)开展统防统治

盲椿象成虫具有直接的为害性和较强的飞行扩散能力，在寄主植物和作物田块间转移性较强。因此，局部地块的防治对盲椿象区域性种群的控制作用不大。采取大面积进行同步的“统防统治”对盲椿象的区域性持续控制有着重要意义。

(二)铲除早春虫源

切断盲椿象生活周期的一个环节对抑制种群增长有重要作用。越冬期和早春寄主阶段是盲椿象年生活史中最薄弱的环节。通过毁灭越冬场所、清除早春杂草寄主等方法来控制盲椿象越冬和早春虫源，是降低其发生程度的重要手段。

(三)狠治迁入成虫

盲椿象具有较强的繁殖能力，卵小且产在植物组织中，待发现若虫为害时，往往已失去防治适期。一般而言，盲椿象成虫刚刚迁入寄主作物田是防治的最佳时期，防治迁入成虫可以达到事半功倍的效果，如盲椿象从早春寄主向棉田和果园转移时期的防治可有效控制后代若虫的种群密度。

二、防治技术

盲椿象的综合防治技术包括农业防治、诱集植物防治、化学防治、物理防治和生物防治，其中农业防治是盲椿象综合防治的重要措施。

(一)农业防治

农业防治是传统的防治方法。随着农业生态系统理念的发展而有了更充实的内容，在害虫综合防治中有着重要地位。害虫的消长与外界环境密切联系。环境条件对害虫不利就可抑制害虫的发生和发展，避免或降低虫害。农作物是害虫的一个主要生存条件，而耕作制度、农业技术措施不仅影响农作物生长发育，还影响着其他环境条件(如土壤、田间小气候、害虫的天敌消长等)，从而又直接或间接地作用于害虫的种群消长。因此，深入掌握耕作制度、栽培管理等农业技术措施与害虫消长的规律，就有可能保证在丰产的前提下，通过改进耕作栽培技术措施，控制害虫的种群数量。控制盲椿象发生为害的农业措施主要有以下几点。

1. 毁减越冬场所 绿盲蝽、中黑盲蝽、三点盲蝽和苜蓿盲蝽都以卵在棉花、牧草、果树和杂草等植物的残茬和断枝切口处越冬。产在棉株组织内的越冬卵可随棉秆带出田外，在翌年3月份之前烧毁或处理掉。部分越冬卵随枯枝落入棉田，通过耕翻细耙埋入土下，使卵的孵化和初孵化若虫的出土受限制，从而减少有效卵量。对于枣树、茶树等越冬寄主，可结合冬季修剪将带卵的枝条带出果园，加以焚烧。开春时节，通过刮去果树上的粗皮和翘皮，也可减少产于树皮上的盲椿象越冬卵。对于苜蓿地，可通过烧毁苜蓿残茬及杂草消灭越冬卵。此外，还应及时清除棉田和果园田边的杂草。

新疆棉区的牧草盲蝽以成虫蛰伏越冬，越冬场所主要在滨藜等杂草及树木的落叶下。在开始冻结后（地面未积雪之前），彻底清除这些杂草和枯枝烂叶使其骤然失去越冬场所，受到寒冷的侵袭，便可冻死。

2. 清除早春寄主 盲椿象自越冬卵孵化（或越冬成虫出蛰）至入侵棉田期间间隔近一个多月。在这段时间内，盲椿象在早春寄主植物上生长、活动、建立种群。盲椿象的早春寄主植物非常丰富，包括果树、栽培作物和杂草等。对栽培作物，可以采取栽培管理来消灭虫源。比如，蚕豆是盲椿象的一种主要的早春寄主，蚕豆上的盲椿象大多集中于顶芽内，可以在盲椿象若虫期结合蚕豆结荚时的打顶去除部分若虫。对于苜蓿，可以调整其收割时间。在盲椿象若虫期收割苜蓿，可使其因食物匮乏而大量死亡。

早春杂草寄主上盲椿象虫源可以通过喷施除草剂或人工除草来控制。对于田埂上的杂草，可以选用灭生性的除草剂，每667平方米用41%农达150毫升，或10%草甘膦750毫升对水 30 千克进行喷雾。而对于作物田最好利用人工除草的方法，尽量不要使用除草剂（切勿使用灭生性除草剂）或选用对后茬作物没有影响的除草剂品种，以避免除草剂残留对作物的种植产生不良影响。另外，果树花期对除草剂特别敏感，切不能在果园及四周使用除草剂。在生产实践中，通过大面积地减少早期棉田杂草的数量来控制棉田盲椿象的种群数量已取得了很好的效果，这一技术在美国中南部阿肯色州－路易斯安娜－密西西比河三角洲地区已被广泛应用。

3. 耕作改制，合理布局 根据盲椿象寄主植物多的特点，改进耕作制度，在作物布局上要合理安排，正确布局，尽可能使棉花、果树等同种作物集中连片种植，这样有利于较大范围内采取某些一致有效的防治措施。要避免棉花与苜蓿、向日葵、枣树等，或者果树与蔬菜、牧草等地毗邻或间作，以减少盲椿象在不同寄主间交叉为害。

4. 合理施肥，科学管理 合理运用肥水和化学调控，防止作物徒长，以恶化盲椿象的生存环境。实施配方施肥，做到有机肥与无机肥实施相结合，增施生物肥料及微肥，减少氮肥使用量，以防叶片徒长，造成组织柔嫩和植株体内碳水化合物骤增，从而提高作物的抗虫能力。另外，盲椿象属于喜湿昆虫，棉田灌溉对盲椿象的发生有着重要的影响。特别是在新疆，牧草盲蝽迁入棉田的早晚与第一次灌溉的关系极为密切，凡灌水早或大水漫灌、串灌的棉田盲椿象为害相对严重。因此，棉田适当推迟灌头水的时间，并推行细流沟灌的方式。

科学的栽培管理也能有效地降低盲椿象种群的发生。如苜蓿地是盲椿象的主要虫源地，盲椿象成虫期刈割苜蓿将迫使其向棉田大量扩散，而若虫期刈割，可导致若虫大量死亡。苜蓿第一次刈割的时间，一般越早越好；后期盲椿象的世代重叠现象十分严重，成虫和若虫常混合发生。因此，可以采用条形收割的方法，即苜蓿地一半刈割，可以使收割地中的苜蓿若虫因食物匮乏而大量死亡；另一半不刈割，可以使盲椿象成虫保留在苜蓿地中，而不至于向棉田扩散。秋季，盲椿象在苜蓿地中大量产卵，使之成为盲椿象最主要的越冬场所之一。因此，最后一次苜蓿刈割不宜过早，而且留茬愈低愈好。

对于棉花，需及时打顶，以促使棉蕾老化，减少受害；清除棉花无效边心、赘芽和花蕾，减少虫卵；在棉花花蕾期，根据棉花长势还可喷施1～2次缩节胺，能缩短果枝，抑制赘芽，减少无效花蕾，甚至不需整枝，同样能减少盲椿象的发生。当棉株受盲椿象为害而形成破叶疯或丛生枝时，往往徒长而不现蕾，应迅速采取措施，将丛生枝除去，每株棉花保留1～2枝主杆，可以使植株迅速恢复现蕾。整枝工作应尽可能争取时间，提前进行，以便使棉株有充裕的补偿时间来挽回被害后的损失。

5. 利用植物抗虫性 在植物抗虫性方面，棉花的高绒毛、无苞叶、高油腺、无蜜腺和高单宁等性状对盲椿象有抗性作用。美国阿肯色州州立大学已相继育出Arkot系列多个抗盲椿象的棉花品种，而我国至今尚未发现有效的抗性品种。

(二)诱集植物防治

诱集植物的概念是：能吸引昆虫或其他节肢动物以防止害虫对靶标植物的为害，或把害虫诱集到一起以便经济、安全地杀死的植物。该定义的基本原则是：昆虫对诱集植物有特殊的喜好和强烈的趋性。很多植食性昆虫能够取食多种寄主植物，但它们对各种食料植物的喜食程度却不相同，甚至有很大差别。每种昆虫都有其最嗜食的寄主植物。长期、大面积、单一化种植的主栽作物和果树，给害虫提供了丰富的食料，积累了大量的虫源，造成害虫严重暴发。但从昆虫的取食生物学本身来说，这些主栽的作物和果树并不一定是害虫最嗜食的寄主。如果寻找到更喜食的寄主植物，并适当种植在农田和果园中，通过多食性昆虫对寄主植物表现出的取食和产卵的选择性，在关键时期把害虫引诱到诱集植物上，然后集中杀死。

盲椿象对众多寄主植物常表现出不同的喜好性。比如，绿盲蝽喜好绿豆、蚕豆、蓖麻、芫荽、茼蒿、葎草和凤仙花等植物，中黑盲蝽、苜蓿盲蝽偏好紫花苜蓿等植物，三点盲蝽嗜好益母草、扁豆等植物。这种习性为盲椿象诱集植物的利用提供了基础。

1. 绿豆诱杀绿盲蝽

(1)诱集植物的种植　绿盲蝽从 6 月初侵入棉田到 9 月底迁出棉田前后大约 3～4 个月，而绿豆的生育期仅 60～80 天，因此在整个棉花生产期需要前后两次播种绿豆，即早播和晚播。

于 5 月初在棉田一侧种植早播绿豆诱集带，7 月初在早播诱集带的垂直方向种植晚播绿豆诱集带。早播诱集带优先种植在田埂侧面，因为田埂上的很多杂草都是绿盲蝽的早春寄主，这样种植可以隔断绿盲蝽从田埂向棉田的扩散，减少棉田绿盲蝽的入侵数量。6 月份棉田绿盲蝽的数量一般较低，所以每条早播诱集带设为宽 1 米，种植绿豆两行，棉田的两条平行的田埂各种植一条诱集带即可。晚播诱集带种植在早播诱集带的垂直方向，每隔 40 米种植一条，每条诱集带宽 1.5 米，种植两行绿豆。绿豆尽可能种在相邻两行棉花的正中间，绿豆行与棉花行之间留一些空间，以便于后期进行虫情调查、打药等农事操作。

(2)诱集带的管理　待绿豆出苗后，每隔10天调查一次诱集带上及棉田的绿盲蝽数量。自绿豆上发现绿盲蝽时，即每10天对绿豆诱集带进行一次农药喷施，以控制诱集带上绿盲蝽的数量，从而降低棉田绿盲蝽的发生和为害。否则，随着诱集带上绿盲蝽种群数量的不断增加，绿盲蝽可能向棉田转移为害，诱集带反而成为了棉田绿盲蝽的虫源地。诱集带上进行化学防治时，先对靠近绿豆两侧的棉花喷药，再对绿豆诱集带进行集中防治，这样可以避免诱集带上的成虫向棉田扩散，提高防控效果。对棉田盲椿象发生情况同样需做定期调查，如果因连续降雨等原因导致棉田盲椿象数量剧增并超过防治指标时，同样需对棉田及时实施化学防治。绿豆诱集带及棉田化学防治可参照本章的化学防治技术部分。

(3)诱集防治的效果　2007年，在河北省廊坊地区利用这一方法诱杀防治棉田绿盲蝽取得了明显的效果。全生育期棉田用药2次，诱集带用药9次，棉田绿盲蝽得到了有效的控制；而没有种植诱集植物的棉田需要15次左右的用药才能控制住盲椿象。假设诱集防治和农药防治棉花的产量相同，诱集带的面积约占棉花面积的5%左右，棉花亩产就下降5%左右。但田间能收获一定数量绿豆，而且诱集防治的棉田用药次数、用药面积大幅度减少，从而使用药量可以减少60%～80%左右，这样能节省大量的农药费用以及劳动力，同时还有利于棉田生态环境的优化和改善。这说明诱集方式有着明显的经济、环保效益。

利用蚕豆(早播)+绿豆(晚播)等诱集植物种植模式诱杀防治棉田绿盲蝽的效果也相当理想。另外，在棉田间作凤仙花、向日葵和蓖麻等也能有效地诱集并减少绿盲蝽的发生数量。

2. 紫花苜蓿诱杀中黑盲蝽和苜蓿盲蝽　中黑盲蝽和苜

蓿盲蝽对紫花苜蓿有着很好的趋性，因此可以利用紫花苜蓿作为棉田中黑盲蝽和苜蓿盲蝽的诱集植物。

紫花苜蓿是我国北方地区常见的一种多年生牧草，第一年种植的苜蓿往往长势弱、开花不茂盛，这将大大影响对盲椿象的诱集效果。此外，根据上述绿盲蝽诱集防治中绿豆的布局方式来种植苜蓿会给下茬作物的种植带来不便。因此，可以依现有的苜蓿地种植棉花，一方面不影响苜蓿的正常生产，另一方面可以充分利用其对盲椿象的诱集作用。苜蓿地是这两种盲椿象主要的越冬场所和早春寄主地，是棉田盲椿象的主要虫源地。因此，在盲椿象侵入棉田（一般为5月下旬至6月上旬）之前，就需进行防治。在棉花整个生产季中，要定期对苜蓿地和棉田进行盲椿象发生数量的调查，当棉田盲椿象的发生数量接近于防治指标（参见本章化学防治部分中的化学防治指标）时，及时对苜蓿地进行控制。如果棉田盲椿象的发生数量比较低，而苜蓿地盲椿象数量较大时，也需要对苜蓿地进行防治。如果因连续降雨等原因导致棉田盲椿象数量剧增并超过防治指标时，也要及时对棉田实施化学防治。

苜蓿地盲椿象防治方法有两种：刈割防治和化学防治。

（1）刈割防治　就是在盲椿象若虫发生高峰期，对苜蓿地的一半进行刈割，致使被割苜蓿田块上盲椿象若虫因食物匮乏而死，成虫可以转移到没有刈割的苜蓿上，而不致于直接转移至棉田为害。

（2）化学防治　当苜蓿地以盲椿象成虫为主，或者盲椿象数量过大，或苜蓿过小不宜刈割时，可以采用化学防治的手段进行防治。苜蓿地盲椿象可以使用50%马拉硫磷3000倍液进行防治。

早在20世纪60年代，美国加利福尼亚等地就开始推广

使用这种防治技术。这一诱集植物的种植模式至今还在棉田对美国牧草盲蝽的综合治理中被广泛应用，成为诱集植物研究和应用方面的一个典型事例。

（三）化学防治

化学防治法就是利用化学药剂来防治害虫，也称为药效防治。化学防治在害虫综合防治中仍占有重要地位，是当前国内外广泛应用的一类防治方法。化学防治有许多优点：①收效快，防治效果显著。它既可在害虫发生之前作为预防措施，以避免或减少害虫的为害，又可在害虫发生后作为急救措施，迅速消灭害虫。②使用方便，受地区及季节性的限制较小。③可以大面积使用，便于机械化操作。④杀虫范围广，几乎所有害虫都可利用杀虫剂来防治。⑤杀虫剂可以大规模工业化生产，品种和剂型多，可远距离运输、长期保存。但化学防治也存在不少缺点：①长期广泛使用化学农药，易造成一些害虫对农药的抗药性。②应用广谱杀虫剂防治害虫的同时，易杀死害虫的天敌，出现一些主要害虫再猖獗和次要害虫上升为主要害虫的现象。③长期广泛大量使用化学农药，易污染大气、水域和土壤，对人畜的健康造成威胁，甚至中毒死亡。

当前，我国盲椿象综合防治技术体系还不够健全、完善，尚处于发展阶段，化学防治仍是我国盲椿象防治的主要手段。

在考虑害虫防治问题时，应事先考虑经济损害允许水平(economic injury level，简称 EIL）和经济阈值（economic threshold，简称 ET）两个概念。经济损害允许水平是指引起经济损害的害虫最低密度。经济阈值（或防治阈值）是指害虫在某一密度下，应采取防治措施，以阻止害虫密度达到经济损失水平，国内习惯上称这一密度为防治指标。

通过比对黄河流域、长江流域和西部内陆棉区现有的棉田盲椿象防治指标，可以发现各地的防治指标差异不大。为此，建议生产上采用这一防治指标：二代（苗、蕾期）盲椿象百株5头，或棉株新被害株率达2%～3%；三代（蕾、花期）盲椿象百株有虫10头，或被害株率5%～8%；四代（花、铃期）盲椿象百株虫量20头。

目前，常用的盲椿象化学防治措施有5种，即滴心与涂茎（树干）、熏杀、喷粉、喷雾。

1. 滴心、涂茎（树干） 在棉花苗期和现蕾期，选用40%久效磷乳油，或40%氧化乐果乳油等内吸性较强的药剂200倍液滴心，或按1∶3～4的比例与机油混匀后涂茎，这种方法对早期盲椿象有着很好的控制作用；而用石硫合剂涂果树的树干能有效地防治盲椿象的越冬卵。

(1)滴心　每株棉苗生长点上滴药液2～3滴。方法是：去掉背负式手压喷雾器的喷头旋片，用纱布包扎3层（如纱布中包一块海绵效果更好），药箱加入药液后将开关拧开1/3，打小气，使药液从喷头呈滴状流出。施药人员顺棉行前行，将喷头对准棉苗顶尖，每棵棉花扣一下，掌握好每株滴药液的量即可。也可以利用专用的滴药器滴药，具体使用方法可以参照使用说明书进行。滴心对棉蚜、棉铃虫、玉米螟、棉红蜘蛛、棉蓟马有较好的兼治作用。

(2)涂茎　用一根1米长左右的细竹竿，蘸药液自棉花茎下端向上轻轻一擦即可，蘸一下可涂3～5棵。涂茎对二代棉铃虫也有较好的控制作用。

内吸剂滴心、涂茎防治棉花盲椿象的效果好，是一种比较理想的预防措施。这两种方法的用药量少，比喷雾防治的成本低，而且有利于减轻对环境的污染并可保护棉田天敌昆虫。

(3)涂树干　使用石硫合剂是当前果园中盲椿象越冬卵防治的一种重要措施。石硫合剂主要含有多硫化钙和硫代硫酸钙。原液为深棕红色，半透明状，有较浓的臭鸡蛋味，呈碱性，渗透和侵蚀病原细胞壁及害虫体壁的能力强，杀菌杀虫效果明显。

熬制石硫合剂必须用铁锅或瓦锅，不能用铜锅或铝锅；生石灰一定要选块状、质轻、洁白、易消解的；硫黄越细越好，最低要通过 40 号筛目。用池塘水或河水，如用自来水或井水应凉晒几天后使用。按照生石灰∶硫黄粉∶水＝1∶1.5∶13 的比例称出生石灰和硫黄。在铁锅里按所需份数加足水，然后把过筛的硫黄粉加入水中，边加边搅拌。待锅中水接近沸腾时，再沿锅壁四周慢慢加入生石灰块，这时药液会沸腾，接着放上 5～8 个鸡蛋大小的石块，立即盖上锅盖，开始计算时间，保持中火沸腾状态 45～50 分钟，药液呈深棕红色即可，停火稍冷过滤，即成石硫合剂原液。原液最好放置在小口缸里，并滴上一薄层煤油，隔绝空气，同时密封封口。使用前必须用波美比重计测量好原液度数，根据所需浓度计算出稀释的加水量。计算公式为：加水量(500 毫升)＝原液浓度÷稀释液浓度－1。

2003～2004 年，在河北沧县朴寺村选取 10 公顷纯枣园开展了石硫合剂防治枣树病虫害试验。芽前树体喷洒 5 波美度的石硫合剂，对绿盲蝽等枣树主要病虫害防治效果明显。石硫合剂可杀死部分绿盲蝽的越冬卵，降低虫口基数；同时可杀死或抑制部分病原微生物，减轻后期枣树病害的发生。经调查，芽前喷石硫合剂的枣树芽期好叶率提高 23.0％，幼果期好叶率提高 11.0％，好果率提高 12.0％，防治效果显著。

推荐使用 3～5 波美度的石硫合剂用于盲椿象越冬卵的

防治。使用最佳时间为枣树萌芽之前，一般在 3 月中下旬。石硫合剂药液浓度要根据植物的种类、病虫害对象、气候条件、使用时期等不同而定；石硫合剂不宜在果树生长季节气温过高（30℃以上）时使用；不能与波尔多液等碱性药剂或机油乳剂、松脂合剂及铜制剂混用，否则会产生药害；与波尔多液交替使用需间隔 15～30 天。

2. 熏杀 对于棉花苗床可以通过熏杀来防治盲椿象。每 667 平方米使用 50%敌敌畏乳油 50～75 克，加水 0.75～1.00 升，拌细土 25 千克，于傍晚盖膜前撒入苗床，对二至四龄若虫防效可达 98.50%～100.00%。也可以在苗床挂一个蚕豆大小的敌敌畏棉球熏蒸。从第一次苗床揭膜通风时开始使用，要求 2～3 天换一次，连续换 3～4 次，即可控制苗床“无头苗”的产生。

3. 喷雾 药剂喷雾属于直接施药，是化学防治盲椿象最常用的一种方法。当前，盲椿象对化学农药的抗药性水平还很低，因此化学防治的关键在于掌握确切的防治时间。特别是加强盲椿象虫源地以及盲椿象侵入初期作物田时的化学防治。盲椿象喷雾防治的适期为二至三龄若虫的发生高峰期。

当前，对盲椿象防治效果比较好的农药包括：有机磷类有辛硫磷、马拉硫磷、毒死蜱（又名乐斯本）、敌敌畏等；拟除虫菊酯类有高效氯氰菊酯、溴氰菊酯等；有机氯类有硫丹（又名赛丹）等；苯基吡唑类有氟虫腈（又名锐劲特）；吡啶类有啶虫脒（又名莫比朗）；硝基亚甲基类有吡虫啉；氨基甲酸酯类有丁硫克百威；生物源杀虫剂有甲维盐（全名甲胺基阿维菌素苯甲酸盐）、阿维菌素（又名齐墩螨素、虫螨光、螨虫素、齐螨素）等。

化学药剂的使用在有效控制害虫为害的同时，常因使用不当而带来很多副作用，如害虫产生抗药性、污染环境、杀伤农田天敌昆虫、导致施药人员中毒、破坏农田生态平衡而引起一些次要害虫的暴发等。因此，在利用化学药剂防治盲椿象时，务必注意以下几点。

第一，做好盲椿象虫情调查，按照防治指标进行科学防治。要认真的调查田间盲椿象的发生和为害情况，结合作物生育期，准确把握防治最佳时机，依照防治指标进行科学治理。有些农民朋友在防治前不进行虫情调查，对防治对象在田间的发生密度和发育阶段一无所知，常错过最佳防治时期，影响防治效果。有些农民朋友防治时不按照防治指标科学施药，而是见虫就打、见别人打就跟着打。经调查发现，盲目施药的农户在棉花整个生长季用药达 20 多次，有的甚至更多。但在诸多施药次数中，很大部分的防治效果差或是无效防治。持续、大量的使用化学药剂将导致盲椿象抗药性的加速产生和发展。因此，务必认真做好虫情调查，并按照防治指标进行科学防治，这是减少农田施药次数的重要环节，也是缓减盲椿象抗药性产生的重要措施。

第二，把握好防治关键期。盲椿象从早春入侵寄主田时是其防治的关键时期，应适当地加大用药，杀死入侵的盲椿象个体，这样可以有效减少作物田盲椿象的种群基数，压低其种群暴发成灾的可能性。而此时如果防治不力，入侵虫源将大量繁殖、扩大种群数量。由于其活动能力强、隐蔽性好、为害初期症状不明显等原因，容易产生严重为害。而一旦发现为害，产量损失已形成。

盲椿象喜潮湿，连续降雨后田间常出现盲椿象种群数量剧增、为害加重的现象。为此，在雨水多的季节，应及时抢晴防治，以免延误最佳防治时机。

第三，选好农药品种，应用科学施药技术。调查发现，当前各地销售的用于防治盲椿象的农药品种繁多,商品名杂乱。大家在选择化学药剂时,要切实注意药瓶上农药有效成分的提示,切勿被各种农药商品名所迷惑。在药剂选择时,要积极选用选择性强的农药(啶虫脒、锐劲特)防治盲椿象。这类农药的最大优点是对农田中自然天敌的影响较小,不污染环境,对温血动物毒性低,对施药人员及其他有益生物比较安全。在综合防治中,能较好地实现化学防治与自然天敌保护利用的协调,更有效地发挥自然控制因素对盲椿象种群的抑制作用。

化学农药在使用过程中还可以进行一定的混用和轮用。合理的混用对提高防治效果、拓展防治对象、降低防治成本及延缓抗药性发展等均有一定的积极意义。目前,市场上出售的盲椿象防治药剂中复配农药品种也越来越多,可以直接购买使用。另外,也可在农技人员的指导下自己进行农药的混配使用。轮用就是不同类型的化学农药进行轮流、间隔使用,这种方法对缓减害虫抗药性也有着重要作用。药剂轮用在盲椿象的防治中也应加以重视。

第四,选择有效的施药方法。棉花苗床育苗时,选用挥发性强的药剂进行熏杀,能降低农药的使用量和劳动力的投入。棉花苗期和现蕾期,盲椿象种群发生数量较低时,选择涂茎和滴心方式防治能有效地协调化学防治与天敌保护之间的矛盾,有助于保持棉田生态系统的平衡。熏杀、涂茎和滴心在上述这些特定场所、特定时间防治效果常比较理想。药剂使用中最常用的就是喷雾防治,主要分为使用手动喷雾机和机动弥雾机两种。其中,用机动弥雾机喷药防治盲椿象的效果较好,喷雾时一些成虫受惊起飞,但因机动弥雾机的喷药幅度大,成虫不易逃避药雾的沾染。如用小型手动喷雾机时,可几架喷雾机一起作业,由作物四周向内包围喷洒效果可以好一些。

第五,农药使用过程中注意人畜安全。化学农药大多高毒或中毒,因此其配制、使用过程中的安全性问题同样需要加以重视。使用中常由于思想重视不够,逆风喷药,喷雾器滴漏,喷湿身体、衣服,或未穿长袖衣裤,未戴手套,造成药液污染皮肤而引起中毒。中毒症状主要是头昏、头痛、大汗、乏力、呕吐、全身发紧、胸闷、流涎、腹痛、抽搐、昏迷、大小便失禁等。发现中毒后,应及时找医务人员或专业人员进行治疗,严重者应立即送往医院急救。

另外,一些农药在果树的花期以及桑蚕养殖区严禁使用,有些农药对鱼类有毒,使用时要远离池塘和水源,这些方面都应该加以重视。在农药购买和使用时,务必全面阅读使用说明和注意事项,有疑问的地方,应及时到当地农技部门或向农技人员咨询,以免造成不必要的损失。

(四)物理防治

物理防治是利用各种物理因子、人工或机械防治有害生物的方法。包括最简单的人工捕杀至近代新技术直接或间接的扑灭害虫,或破坏害虫的正常生理活动,或是使环境条件变成不能为害虫所接受和容忍的程度。这类防治措施,一般较简单易行,成本也较低,不污染环境,可用于害虫大发生之前,也可以在已经大量发生时采用。盲椿象的物理防治措施包括机械捕杀、人工捕杀、灯光诱杀、色板诱杀、阻隔分离等几种。

1. 机械捕杀 机械捕杀就是在农业机械上安装捕虫工具对盲椿象成虫进行捕捉,这一技术在机械化程度较高的新疆棉区已有应用。在新疆,利用 6 月份中耕开沟施肥的契机,在每台机械装上一些捕虫网，可以在施肥的同时进行盲椿象成虫的捕捉。可有效降低二代盲椿象基数，减少蕾铃脱落。捕虫网利用2号铁丝和塑料窗纱制成，网口用铁丝制成椭圆形或长方形，70厘米×20厘米，网做成圆锥形，网深1.1～1.2米。每台中耕机或开沟追肥机上装6对铁丝挂钩挂6个网，每网管两行棉花，同时利用盲椿象进网后有向上飞行的习性，在挂网时网的尾部要高于网口，用挂钩将网尾挂在施肥箱上即可。据报道，用此法捕捉盲椿象效果明显，单网最多捕虫数百只。在捕虫网中除有大量盲椿象外，同时也能捕到大量天敌，如瓢虫和草蛉，在杀死网中害虫后，将天敌释放到蚜虫较多的地块，成功地实现了人工大量助迁天敌以益抑害，可有效抑制棉蚜蔓延。机械网捕没有增加机车作业量，又降低了人工捕虫的劳动强度，投入成本少、省力、省时，又可助迁天敌，为棉花机械化生产模式下减轻盲椿象的发生和为害提供了一种新的思路。

利用真空吸虫器吸虫原本用于盲椿象的种群调查，而现在这一技术在美国已被广泛地用于盲椿象的防治。实践表明，真空吸虫器能有效减少、持续控制盲椿象的种群数量。

2. 人工捕捉 当机械捕虫已无法进行时或没有条件开展机械捕捉的地方，可以制作捕虫网对盲椿象进行人工捕捉。捕虫网规格网口50厘米×100厘米，呈长方形，网长1～1.5米。找一根直径5厘米以上粗细、长6米以上木杆，用细铁丝捆住捕虫网，一根木杆连接4～6个捕虫网，两人拿着木杆两端，紧贴棉花顶部来回捕捉。据报道，在新疆最多的一组一天能捕捉盲椿象14 000只，防治效果非常明显。

3. 灯光诱杀 盲椿象成虫有着明显的趋光性，生产上可以利用各种诱虫灯对其进行诱集。

(1) 频振式杀虫灯　频振灯远距离采用振荡波、近距离光源起作用诱集害虫，灯外有高压电网，害虫扑网致死。安装方法是：在田间立 1 根木柱或 2 根木柱，木柱横钉一个木棍，灯挂在上面，灯高要因作物而定，高于作物 50 厘米为宜。天黑开灯，天明关灯，每 2～3 天用毛刷清除一次电网上的残虫，可提高残杀效果。每盏频振灯有效控制半径一般在 100 米之内，有效控制面积为 4 公顷左右。

目前，频振式杀虫灯在果园和棉田盲椿象防治中都已有较广泛的应用，而且效果明显。如山东省东营市河口区东鲍井村有冬枣园 45 公顷，连续两年悬挂 10 个频振式杀虫灯进行预报防治。结果表明，频振式杀虫灯对绿盲蝽的诱集效果很好，能大大降低虫口密度，进而导致化学农药施用量的减少，生产成本的节约。

(2)全自动物理灭蛾器　这种诱虫灯利用了现代电子技术，能实现自动昼停夜开、雨天关机和自动定时除去网上的虫尸等功能，非常实用。每 3.3 公顷安置 1 台，非常经济。而且，对绿盲蝽成虫的诱集效果很好。有报道，在绿盲蝽成虫发生高峰期，每台灭蛾器每天可诱杀成虫 500 余头。

(3)高压汞灯、黑光灯　这两种灯安装方法与频振灯相似，都对盲椿象有着不错的的诱集效果，在棉田、果园已有应用的报道。

4. 色板诱杀　根据盲椿象对特定颜色的趋好性，利用这一颜色的粘虫板来对其进行诱杀。具体粘虫板的颜色因盲椿象种类的不同而各异。绿盲蝽偏好青色，其次白色，再为蓝色和绿色。在果园，粘虫板可直接挂在透光性好的树枝上，树枝上枝叶过于茂密将影响粘虫板的诱虫效果。在作物田，可立一根竹竿，将粘虫板挂在上面。粘虫板挂置的高度由作物而定，一般高出作物 30～50 厘米即可。要及时更换新的粘虫板或重刷粘虫胶，以免影响粘虫效果。

5. 阻隔分离 据调查，在进行喷雾防治时，大量盲椿象成虫和若虫落到地面上，但落地后大部分呈假死状态，一段时间后便能苏醒。苏醒的成虫短时间内不会飞翔，只能沿主干向上爬行。遇大风天气，大量若虫受振动也会坠落地面，先聚集在杂草和枣树萌蘖上，然后沿主干向树上转移。另外，早春时分，盲椿象成虫和若虫还会从早春杂草寄主上沿主干向果树上转移。针对此特性可在生长季节于主干增加一些阻隔分离措施，以阻止盲椿象上树为害。具体的方法如下：①刮去树干的粗皮，先用塑料胶带在树干的中上部平滑处粘一闭合的胶带环，再往胶带上均匀涂抹粘虫胶，粘杀爬行上下树的盲椿象成虫和若虫。胶环的宽度视虫口密度而定，一般 2～3 厘米，虫口密度大时，可以适当涂宽些。要防止将枯枝落叶和尘土等粘在胶环上，以免降低胶环的粘性，影响防治效果。胶环上粘满害虫时，必须及时清除胶环上害虫或另行涂抹新胶环。②在树干上绑硬质塑料伞形裙，以防止若虫上树，并及时进行人工捕杀。③在树干中部，用 20 厘米宽的塑料薄膜缠绕 1 周，薄膜上用药液（如 25％氯·辛乳油 500 倍液或 20％高氯·马乳油 500 倍液）浸泡过的草绳捆绑，再将塑料薄膜上部向下反卷，也可防止盲椿象上树。

（五）生物防治

生物防治指利用害虫的天敌来防治害虫。随着科学技术的不断进步，生物防治的内容在不断扩充。从广义来说，生物防治法就是利用生物或其产物控制有害生物的方法，包括传统的天敌利用和近年出现的昆虫不育、昆虫激素及性信息素的利用等。生物防治不污染环境，对人畜及农作物安全，不会引起抗药性，不杀伤天敌及其他有益生物。同时，在自然界建立的种群能自己繁殖扩散，对害虫的控制作用相对稳定。一般来说，与其他防治措施能协调应用，与化学防治的矛盾可以通过不同的方法加以解决。我国利用生物防治的历史悠久，天敌资源丰富，成本低，因此，这类防治方法有着广阔的发展前景。

当前，我国盲椿象生物防治的主要途径就是天敌昆虫的保护利用，而天敌昆虫的工厂化饲养与释放、天敌昆虫的异地引进、病原微生物的利用等尚处研究阶段。天敌昆虫的保护利用主要有以下几个途径。

第一，充分利用作物自身的耐害补偿能力，合理放宽防治指标，减少田间总的施药次数，利用自然天敌的控害作用，实现农田生态的良性循环。

第二，使用对天敌较安全的选择性农药来防治盲椿象，减少对天敌昆虫的负面影响，并通过改进施药方法，比如滴芯、涂茎等有针对性的局部施药，减少地毯式的药剂喷雾，以减少或避免天敌直接接触农药，有助于天敌种群的增殖和发挥有效的控害作用。

第三，改进农事操作，保护利用自然天敌。比如，田间灌水要注意尽量进行沟灌或喷灌，避免漫灌，这样可以保护蜘蛛等多种天敌。施肥要按科学配方进行，最好多施农家肥和有机肥，保持和改良土壤结构，以利于天敌的繁殖和栖息。棉田间苗和整枝打杈时，注意将带有害虫的苗或枝叶带出田外，而尽量将其上的天敌留在棉田内。

三、各棉区棉田盲椿象综合防治技术要点

本章前半部分基于盲椿象的一般性发生规律介绍了其综合防治技术。但对一个作物在某种环境下的防治方法还需结合实际情况进行技术组装。我们根据各棉区棉田盲椿象的发生规律提出了棉田盲椿象综合防治技术要点。

(一)长江、黄河流域棉区

1. 越冬期

(1)具体时间　10月初至翌年3月初。

(2)防治重点　这时期盲椿象卵处于越冬阶段,主要破坏盲椿象的越冬场所,减少其越冬卵的基数。

(3)防治措施

①农业防治:棉花收获以后,对棉田及其田埂进行全面整理,清除棉花植株、枯枝烂叶及枯死杂草,在翌年3月份之前当作燃料烧毁或沤肥;对棉田耕翻细耙;对果树修剪、刮去果树上的粗皮与翘皮、果园内杂草进行清理,处理下来的树枝、树皮、杂草带出果园加以焚毁;早春,苜蓿没有出土前烧毁苜蓿田中大量的残茬及杂草。

②化学防治:冬末春初,果园施用3～5波美度的石硫合剂防治盲椿象越冬卵。

2. 早春发生期

(1)具体时间　3月底至6月中旬。

(2)调查测报　从4月上旬起,对作物、牧草、杂草进行系统调查,每隔5天调查1次,查至一代成虫高峰。每次将查获虫数分龄记载,统计每公顷虫量和各龄虫比率,为确定早春防

治对象田和防治时间（参照发育历期法推算）提供依据。

6月上中旬起，对观察区内的主要作物、杂草、牧草等进行全面调查，每隔5天调查1次，调查5～6次即可，记载盲椿象发生数量及其发育进度，推算出成虫的羽化时间（参照发育历期法），为确定棉田入侵虫源的防治时间提供依据。同时，将调查数据折算成该寄主单位面积虫量，再根据寄主面积权重计算观察区内的总虫量，折成单位面积棉田承受的虫量。再与当年往年资料进行对比，以明确棉田下代盲椿象的大致发生趋势。

（3）防治重点　盲椿象自越冬卵开始孵化到大量入侵棉田，期间主要在一些杂草寄主上取食活动、建立种群。因此，必须压低早春寄主植物上盲椿象的虫源基数。

（4）防治措施

①农业防治：通过喷施除草剂或人工除草对田埂杂草进行全面清除，田间杂草需人工清除；第一茬苜蓿尽可能提前刈割，在苜蓿田未见盲椿象成虫时收割，且越早越好。

②化学防治：果树（如枣树、桃树、樱桃树）、冬季作物（如蚕豆、小麦）等上发现有一定数量的盲椿象，即可对其进行化学防治；对于棉花苗床，每667平方米可使用50%敌敌畏乳油50～75克，对水0.75～1.00升，拌细土25千克，于傍晚盖膜前撒入苗床，对盲椿象进行熏杀。也可以在苗床挂一个蚕豆大小的敌敌畏棉球熏蒸。从第一次苗床揭膜通风时开始使用，2～3天更换1次，连续换3～4次。

3. 棉田受害期

盲椿象6月中下旬大量入侵棉田至9月底迁出，盲椿象的发生贯穿了棉花的整个生育期，但不同时期其防治技术和指标等有着明显差异。下面将对各生育期盲椿象的防治技术要点做一总结。

(1)苗　期

①具体时间:5 月上旬至 6 月上中旬。

②调查测报:选择不同茬口有代表性的棉田 2～3 块,调查棉田盲椿象的发生情况。从 6 月 10 日开始,每隔 5 天调查 1 次。采用五点取样法,每点查 10 株,共计 50 株。统计百株虫数及各龄若虫所占的百分比。利用发育历期法或期距预测法明确盲椿象的最佳防治时间,同时结合往年发生资料,明确下一代盲椿象的大致发生趋势。

③防治重点:保护棉花顶端生长点不受严重为害,控制"公棉花"、"无头苗"的产生。

④防治措施:

诱集防治:5 月下旬,在棉田与田埂之间种上两行绿豆,5 月下旬开始绿豆上每 7～10 天打一次药。

化学防治:一旦棉苗发现被为害,用 40%久效磷乳油等内吸性较强的药剂 200 倍液滴心,或按 1∶3～4 的比例与机油混匀后涂茎;如果盲椿象发生数量较高,即需对棉田所有的植株进行药剂防治,防治指标为百株盲椿象 5 头,或棉株新被害株率达 2%～3%。较手动喷雾器,机动弥雾机喷雾防治的效果更好。此时除了盲椿象的为害,还有棉蚜、棉叶螨等害虫的发生,盲椿象化学防治的同时还可以对其他害虫进行兼治。具体使用的农药种类及其稀释倍数可参照表 7-1。

表 7-1　盲蝽蟓化学防治的常规药剂对其他棉花害虫的兼治作用

类　别	药　剂	兼治对象	盲蝽蟓防治	
			主要制剂	常规稀释倍数/用量
有机磷类	辛硫磷	棉铃虫、棉蚜、红铃虫、地老虎、棉象甲等	50%乳油	1000～1500
	马拉硫磷	红蜘蛛、棉蚜、棉叶蝉等	45%乳油	1000～1500
	毒死蜱	棉铃虫、棉蚜、红蜘蛛、红铃虫等	48%乳油	1000～1500
	敌敌畏	棉铃虫、棉蚜、红蜘蛛、棉金刚钻、棉叶蝉等	80%乳油	1000
拟除虫菊酯类	高效氯氰菊酯	棉铃虫、棉蚜、红铃虫、棉金刚钻、棉蓟马等	4.5%乳油	1500
	溴氰菊酯	棉铃虫、红铃虫、棉蚜等	2.5%乳油	1500
有机氯类	硫丹	棉铃虫、棉蚜等	35%乳油	1000～1500
苯基吡唑类	氟虫腈	棉蚜、烟粉虱、棉叶蝉等	5%悬浮液	20～30 毫升/667 平方米
氯化烟酰类	吡虫啉	棉蚜、棉蓟马、烟粉虱等	10%可湿性粉剂	10～20 克/667 平方米
	啶虫脒	棉蚜、烟粉虱、棉叶蝉、棉蓟马等	3%乳油	1500～2000
氨基甲酸酯类	丁硫克百威	棉铃虫、棉蚜、红蜘蛛等	20%乳油	1500～2000
抗生素类	甲维盐	棉铃虫、红蜘蛛、红铃虫、烟粉虱等	0.2%乳油	1500
	阿维菌素	棉铃虫、棉蚜、红蜘蛛、红铃虫、烟粉虱等	1.8%乳油	1000～1500

(2)现 蕾 期

①具体时间:6 月中旬至 7 月上旬。

②调查测报:同苗期。

③防治重点:蕾期棉花植株补偿能力比较强,主要需“保顶”,控制“公棉花”、“无头苗”的产生。

④防治措施:

诱集防治:对绿豆仍每隔 7~10 天打一次药;6 月下旬,在棉花田间或田边在播种一次绿豆,每 20~30 米种植一排,每排两行。

化学防治:盲椿象发生数量较高,即需对棉田所有的植株进行药剂防治,防治指标为百株盲椿象 5 头,或棉株新被害株率达 2%~3%;此时常伴有二代棉铃虫、棉叶螨等害虫的发生,盲椿象化学防治的同时需考虑这些害虫的兼治问题;出现大的降雨后,要严格监视棉田盲椿象的种群数量动态。如果连续降雨,要对盲椿象进行抢晴防治;盲椿象化学防治时,提倡多作物、大面积的联防联治。

3. 花 铃 期

①具体时间:7 月上旬至 8 月上中旬。

②调查测报:同苗期。

③防治重点:此时棉花的补偿能力已大大下降,必须严格按照防治指标进行防治,保蕾保铃。

④防治措施:

诱集防治:对第二次播种的绿豆诱集带每隔 7~10 天打一次药。

化学防治:盲椿象发生数量较高,即需对棉田所有的植株进行药剂防治,花期防治指标为百株有虫 10 头,或被害株率 5%~8%时,即需进行化学防治;此时期还有三代棉铃虫和伏蚜的发生,同样需考虑害虫的兼治问题;做到抢晴防治;提倡联防联治。

4. 结铃吐絮期

①具体时间:8月下旬至9月。

②调查测报:同苗期。

③防治重点:此时大部分繁殖器官已老化,盲椿象的为害常远不及前几期。但仍需保铃。

④防治措施:这一时期盲椿象主要用化学防治措施来控制。盲椿象发生数量较高,即需对棉田所有的植株进行药剂防治,防治指标为盲椿象百株虫量20头;花铃期还有四代棉铃虫,需考虑害虫的兼治问题;做到抢晴防治和联防联治。

(二)西北内陆棉区

1. 越冬期

(1)具体时间　10月底至翌年3月初。

(2)防治重点　这时期牧草盲蝽成虫处于蛰伏越冬阶段,主要破坏其越冬场所。

(3)防治措施　冬季开始结冰后而地面未积雪前,清除林带、果园、渠道和地边的落叶、杂草及残茬,使其骤然失去越冬场所,受到寒冷的侵袭,便可冻死。

2. 早春发生期

(1)具体时间　3月底至6月中旬。

(2)调查测报　3月中旬越冬成虫开始出蛰活动,开始在各种杂草、树皮缝隙、枯枝落叶层下及土缝等处做一般检查,重点选择苜蓿、冬麦、菠菜及十字花科蔬菜地进行定期调查,同时检查10头雌虫腹内成熟卵数量。调查直至6月底结束,为确定各作物田防治时间及迁入棉田时间提供依据。

(3)防治重点　牧草盲蝽出蛰活动到侵入棉田，期间主要在一些牧草、作物、杂草上取食活动。因此，需压低这些植物上的虫源基数。

(4)防治措施

①农业防治　及时清除农田、果园等附近的杂草；正常情况下，第一茬苜蓿收割期正是盲椿象羽化盛期，因而收割有利于盲椿象的扩散为害，因此适当提前第一茬苜蓿的收割时间，能使盲椿象若虫食物资源匮乏，造成大量死亡。

②化学防治　当蔬菜、苜蓿等作物上成虫数量日益增多及雌虫形成卵粒时，应及时开展化学防治，推荐药剂及使用浓度见表 7-1，下同；

3. 棉田受害期

(1)具体时间　6 月中旬至 8 月下旬。

(2)调查测报　从 6 月中旬开始，选择三种类型的棉田各一块，每 5 天检查棉株嫩头、花蕾、幼铃上的成、若虫数。盛蕾期前每次调查记载棉花新被害株率，盛蕾期后记载蕾和幼铃受害率。

(3)防治重点　前期防止对嫩头的为害，后期防止对蕾铃的为害。

(4)防治措施

①农业防治：适当迟灌第一水。棉田灌头水后，相对湿度增高，成虫迁入棉田数量便急剧增加。在不影响棉花生长的情况下，宜适当推迟第一水。

②化学防治：当棉田发生数量超过防治指标时即进行化学防治。防治指标为：苗期百株 5～7 头，蕾期 10 头，蕾期 30 头。

4. 秋季活动期

(1)具体时间　9 月上旬至 10 月上中旬。

(2)调查测报　定期对地肤、灰藜、蒿子等秋季密度较大的植物上进行网捕调查。

(3)防治重点　秋季牧草盲蝽大量集中在少数几种杂草上,对其进行集中治理,可有效减少越冬基数。

(4)防治措施

①物理防治:对杂草上牧草盲蝽进行网捕。

②化学防治:可以通过杀虫剂的使用来减少各种植物上牧草盲蝽的数量。

参考文献

[1] Cohen A C. A review of feeding studies of *Lygus* spp. with emphasis on artificial diets. Southweatern Entomol, 2000, Suppl, 23: 111-119.

[2] Fitt G P, Mares C L, Llewellyn D J. Field evaluation and potential ecological impact of transgenic cottons (*Gossypium hirsutum*) in Australia. Biocontrol Sci Tech, 1994, 4: 535-548.

[3] Layton M B. Biology and damage of the tarnished plant bug, *Lygus lineolaris*, in cotton. Southwestern Entomol, 2000, Suppl, 23: 7-20.

[4] Lu Y H, Qiu F, Feng H Q, Li H B, Yang Z C, Wyckhuys K A G, Wu KM. Species Composition and Seasonal Abundance of pestiferous plant bugs (Hemiptera: Miridae) on Bt Cotton in China. Crop Prot, 2008, 27: 465-472.

[5] Lu Y H, Wu K M, Guo Y Y. Flight potential of the green plant bug, *Lygus lucorum* Meyer—Dür (Heteroptera: Miridae). Environ Entomol, 36(5): 1007-1013.

[6] Nordlund D A. The Lygus problem. Southern Entomol, 2000, Suppl, 23: 1-5.

[7] Robbins J T, Snodgrass G L, Harris F A. A review of wild host plants and their management for control of the tarnished plant bug in cotton in the Southern U. S. Southwestern Entomol, 2000, Suppl, 23: 21-25.

[8] Ruberson J R, Wiiliams L H III. Biological control of *Lygus* spp.: a component of areawide management. Southwestern Entomol, 2000, Suppl, 23: 96-110.

[9] Scott W P, Snodgrass G L. A review of chemical control of the tarnished plant bug in cotton. Southwestern Entomol, 2000, Suppl, 23: 67-81.

[10] Smith R A, Nordlund D A. Mass rearing technology for biological control agents of *Lygus* spp. Southwestern Entomol, 2000, Suppl, 23: 121-127.

[11] Snodgrass G L, Scott W P, Robbins J T, Hardee D D. Area-wide management of the tarnished plant bug by reduction of early-season wild host plant density. Southwestern Entomol, 2000, Suppl, 23: 59-66.

[12] Stewart S D, Layton M B. Cultural controls for the management of Lygus populations in cotton. Southwest Entomol, 2000, Suppl, 23: 83-95.

[13] Udayagiri S, Welter S C, Norton A P. Biological control of *Lygus hesperus* with inundative releases of *Anaphes iole* in a high cash value crop. Southwest Entomol, 2000, Suppl, 23: 27-38.

[14] Wheeler A G Jr. (Eds). Biology of the plant bugs (Hemiptera: Miridae). Ithaca, NY: Cornell. University Press. 2001.

[15] Willers J L, Akins D C. Sampling for tarnished plant bugs in cotton. Southwest Entomol, 2000, Suppl, 23: 39-57.

[16] Wu K M, Guo Y Y. The evolution of cotton pest management practices in China. Annu Rev Entomol, 2005, 50: 31-52.

[17] Wu K, Li W, Feng H, Guo Y. Seasonal abundance of the mirids, *Lygus lucorum* and *Adelphocoris* spp. (Hemiptera: Miridae) on Bt cotton in northern China. Crop Prot, 2002, 21: 997-1002.

[18] 蔡晓明,封洪强,原国辉,等．中黑盲蝽人工饲料的初步研究．植物保护,2005,31(6):45-47.

[19] 仓健,张英健,徐文华,等．中黑盲蝽对花铃期棉花危害的损失因素分析．植物保护,1989,15(6):21-22.

[20] 蔡晓明,吴孔明,原国辉．中黑盲蝽在几种寄主植物上取食行为的比较研究．中国农业科学,2008,41(2):431-436.

[21] 曹赤阳,万长寿．棉盲蝽的防治．上海:上海科学技术出版社,1983.

[22] 曹瑞麟．棉盲椿天敌资源调查及捕食能力观察．中国生物防

治，1986，4：40.
[23] 陈杰林．害虫综合防治．北京：中国农业出版社，1993.
[24] 丁岩钦，邹纯仁，赵廷选．陕西棉盲蝽的研究及防治．西北农学院学报，1957，4：37-76.
[25] 丁岩钦．棉盲蝽生态学特性的研究Ⅰ．温度与湿度对棉盲蝽生长发育及地理分布的作用．植物保护学报，1963，2(3)：285-296.
[26] 丁岩钦．棉盲蝽生态学特性的研究Ⅱ．棉株营养成分含量与盲蝽为害的关系．植物保护学报，1963，2(4)：365-370.
[27] 丁岩钦．棉盲蝽生态学特性的研究Ⅲ．棉盲蝽在棉田内的分布型及其影响因素的分析．昆虫学报，1965，14(3)：264-273.
[28] 丁岩钦．陕西关中棉区棉盲蝽种群数量变动的研究．昆虫学报，1964，13(3)：297-308.
[29] 高宗仁，姜典志．河南省棉盲蝽的为害损失及控制目标研究．中国棉花，2000，27(8)：10-12.
[30] 高宗仁，李巧丝，邱峰等．铷(Rb)标记棉盲蝽及其向棉田扩散为害的研究．中国农业科学，1992，25(6)：15-21.
[31] 高宗仁，李巧丝．苜蓿盲蝽在豫东棉区的寄主选择及其转移规律．植物保护学报，1998，25(4)：330-336.
[32] 高宗仁，李巧丝．豫东地区棉盲蝽的发生及治理研究．中国棉花，2000，27(1)：14-16.
[33] 郭建英，周洪旭，万方浩，等．两种防治措施下转 Bt 基因棉田绿盲蝽的发生与为害．昆虫知识，2005，42(4)：424-428.
[34] 郭予元．棉铃虫的研究．北京：中国农业出版社，1998.
[35] 江苏省植物保护站编著．农作物主要病虫害预测预报与防治．江苏科学技术出版社，2005.
[36] 姜春义，王永山，陈华．棉田盲蝽发生程度加重原因分析及治理对策．现代农业科技，2007(6)：73-74.
[37] 姜典志，杜国忠．中黑盲蝽的寄主植物和越冬场所研究．昆虫知识，1996，33(5)：264-266.
[38] 姜典志，张秀阁，魏荣生．转 Bt 基因抗虫棉棉田中黑盲蝽的发

生规律与防治措施．中国植保导刊，2005，25(1)：24-25.
[39] 姜瑞中，曾昭慧，刘万才，等．中国农作物主要生物灾害实录1949-1990. 北京：中国农业出版社，2005.
[40] 蓝超跃，吴伟坚，梁广文．微刺盲蝽的生物学特性研究概述(半翅目：盲蝽科). 昆虫天敌，2002，24(4)：185-189.
[41] 李号宾，吴孔明，徐遥，等．南疆棉田盲蝽类害虫种群数量动态．昆虫知识，2007，44(2)：219-222.
[42] 李明光，沙明治．中黑盲蝽生物学特性及其发生规律的初步研究．昆虫知识，1987，5：271-275.
[43] 李巧丝，邓望喜．不同寄生植物对苜蓿盲蝽种群增长的影响．植物保护学报，1994，21(4)：351-355.
[44] 李巧丝，刘芹轩，邓望喜．温湿度对苜蓿盲蝽实验种群的影响．生态学报，1994，14(3)：312-317
[45] 梁革梅，张永军，陆宴辉，等．防治棉盲蝽高效农药的筛选．见：中国植物保护学会 2006 学术年会论文集《科技创新与绿色植保》. 北京：中国农业科学技术出版社，2006：761.
[46] 刘汉民．苏中盐垦区中黑盲蝽发生规律及防治技术的研究．植物保护学报，1991，18(2)：147-153.
[47] 刘仰青，吴孔明，薛芳森．盲椿象抗药性治理的研究进展．华东昆虫学报，2007，16(2)：141-148.
[48] 陆宴辉，梁革梅，吴孔明．棉盲蝽综合治理的研究进展．植物保护，2007，33(6)：10—15.
[49] 陆宴辉，仝亚娟，吴孔明．绿盲蝽触角感器的扫描电镜观察．昆虫学报，2007，50(8)：863-867.
[50] 陆宴辉，吴孔明，蔡晓明，等．利用四季豆饲养盲蝽的方法，植物保护学报，2008，35(3)：215-219.
[51] 马艳，崔金杰，彭军．转 Bt 基因抗虫棉田棉盲蝽防治剂筛选及施药技术研究．西北农业学报，2006，15(1)：60-63.
[52] 农业部植物保护局编．农作物病虫发生规律及其预测预报 I．农业出版社，1959.

[53] 屈西峰,周伯龄,陆中泉,等. 中国棉花害虫预测预报标准、区划和方法. 北京:中国科学技术出版社,1992

[54] 全国农业技术推广服务中心编著. 农作物有害生物测报技术手册. 北京:中国农业出版社,2006.

[55] 孙瑞红,李爱华,刘秀芳. 绿盲蝽在果树上猖獗危害的原因及综合防治. 落叶果树,2004(6):27-29.

[56] 汤建国,阳中乐,曾天喜,等. 中国主要棉盲蝽的生活习性研究综述. 江西棉花,2007,29(1):9-12.

[57] 王敬儒,杨海峰,孟昭金. 关于新疆牧草盲椿象预测预报的意见.新疆农业科学院,1980,2:21-23.

[58] 王敬儒. 新疆三种为害棉花的盲椿象初步观察. 华东农业科学通讯,1957,9:474-476.

[59] 王武刚,张慧英,郭予元,曹煜,谭维嘉,戴小枫. 棉花害虫防治新技术. 金盾出版社,1991.

[60] 王武刚,张慧英,郭予元,等编著. 棉花虫害防治新技术. 北京:金盾出版社,1991.

[61] 吴孔明. 我国 Bt 棉花商业化的环境影响与风险管理策略. 农业生物技术学报,2007,15 (1):1-4.

[62] 仵均祥主编. 农业昆虫学(北方本). 北京:中国农业出版社. 2002.

[63] 萧采瑜,孟祥玲. 中国 棉田盲蝽记述. 动物学报,1963,15(3):439-449.

[64] 杨小奎,韩宝房,丁红岩,等. 频振式杀虫灯在冬枣害虫测报及防治中的应用. 河北果树,2007(1):8-9.

[65] 易红娟,张夕林,王东华,孙雪梅. 氟虫腈(锐劲特)对抗性棉花盲椿象的防治效果及应用技术研究. 农药科学与管理,2004,25(5):12-14.

[66] 张圭松. 新疆莎车地区棉牧草盲蝽生物学特性的研究. 昆虫知识,1964,6:249-252.

[67] 张洪进,费国新,陈卫国,等. 第三、四代中黑盲蝽发生期和发生量中期预测研究. 昆虫知识,1996,33(1):17-20.

[68] 张惠珍．自然条件下冀南棉区 Bt 抗虫棉田棉盲蝽发生为害现状调查研究简报,952-953. 见:成卓敏主编,农业生物灾害预防与控制研究．北京:中国农业科学技术出版社,2005.

[69] 张奎松．新疆莎车地区牧草盲蝽生物学特性研究．昆虫知识,1964 ,6:249-252.

[70] 张孝羲．昆虫生态与预测预报(第 2 版). 北京:中国农业出版社,1995.

[71] 张兴华．中国棉盲蝽研究概括．江西棉花,1995,3:7-9.

[72] 张秀梅,刘小京,杨艳敏等．绿盲蝽在 Bt 转基因棉及枣树上的发生规律．华东昆虫学报,2005,14(1):28-32.

[73] 张英健,仓惠,徐文华．中黑盲蝽对棉花的为害及损失研究．植物保护学报,1987,14(4):247-252.

[74] 张永孝．棉花不同生育期棉盲蝽的为害损失及防治指标研究．植物保护学报,1986,13(2):73-77.

[75] 郑乐怡等．《中国动物志》(昆虫纲,第三十三卷,半翅目,盲蝽科,盲蝽亚科). 北京:科学出版社,2004.

[76] 中国科学院动物研究所主编．中国主要害虫综合防治．北京:科学出版社,1979.

[77] 中国农业百科全书昆虫卷编辑委员会．中国农业百科全书·昆虫卷．北京:农业出版社,1990.

[78] 中国农业科学院植物保护研究所．中国农作物病虫害(下册). 北京:中国农业出版社,1990.

[79] 中国农业科学院植物保护研究所编．农作物病虫发生规律及其预测预报Ⅱ. 北京:中国农业出版社,1959.

[80] 中国农业年鉴编辑委员会．中国农业年鉴．中国农业出版社,2003-2006 年．

[81] 朱弘复,孟祥玲．1958. 三种棉盲蝽的研究．昆虫学报,8(2):97-117.

[82] 姜玉松,宋树芹．石硫合剂在枣树病虫害防治中的应用．河北林业科技,2006,4:66.